亲子正面财商

李海峰　林宜廷　薛翔婷　主编

华中科技大学出版社
http://press.hust.edu.cn
中国·武汉

图书在版编目(CIP)数据

亲子正面财商 / 李海峰,林宜廷,薛翔婷主编. - 武汉 : 华中科技大学出版社,2024. 10. - ISBN 978-7-5772-1099-5

Ⅰ. TS976.15;G78

中国国家版本馆 CIP 数据核字第 20247EZ082 号

亲子正面财商
Qinzi Zhengmian Caishang

李海峰　林宜廷　薛翔婷　主编

策划编辑:沈　柳
责任编辑:肖诗言
封面设计:琥珀视觉
责任校对:刘小雨
责任监印:朱　玢
出版发行:华中科技大学出版社(中国·武汉)　　电话:(027)81321913
　　　　　武汉市东湖新技术开发区华工科技园　　邮编:430223
录　　排:武汉蓝色匠心图文设计有限公司
印　　刷:湖北新华印务有限公司
开　　本:880mm×1230mm　1/32
印　　张:6.75
字　　数:146 千字
版　　次:2024 年 10 月第 1 版第 1 次印刷
定　　价:50.00 元

INTRODUCTION
引子

- 我现在是否每年的收入大于支出？

- 根据现在的理财计划，多少年后我能实现财务自由（被动收入大于支出)？

- 我是否善用金钱，过着自己想过的生活？

- 世界是否会因为我更富有而变得更好？

- 我是否希望我的孩子长大以后的生活状态跟我现在一样？

- 我跟孩子谈论金钱话题时是否能增进彼此之间的感情？

- 如果我有一天离开了，没有留下一分钱，我的孩子是否能自力更生，过上好的生活？

亲爱的读者，当你面对以上 7 个问题，得出自己的答案时，相信你已经知道自己是否需要学习亲子正面财商了。亲子正面财商是提升家庭理财能力的智慧，是增进亲子感情的桥梁，亦是能让世界更美好的能量。

感谢你打开本书，请踏上"谈钱增感情"的亲子财商之旅吧！

PREFACE
前 言

为什么我要研究亲子正面财商教育？

20 年前，我从事教授中国笛子的工作。当时我在各中小学教授兴趣班，也有一些私人学生。在教授笛子的过程中，我常问自己两个问题：

- 10 年后，还有多少学生会持续吹奏笛子呢？
- 除了教授笛子演奏技巧外，我还能在教学中给予孩子哪些终身受用的素养？

一般来说，只有不到十分之一的成年人在孩童时期学过乐器后依然经常演奏。这使我思考如何让另外十分之九的人能够从学习乐器中获得更大的益处，而方法就是将个人品格和素养融入乐器学习中。因此，我特地深入研修儿童发展心理学、音乐治疗等相关课程，将自信、坚持、创意、礼仪、目标、规划、刻意练习和合作等元素融入笛子教学中。

这 10 年的教学经验让我学会了如何与不同年龄和性格的孩子沟通。对于 8 岁以下的孩子，理论讲解并不适用，我更注重示范和游戏化的方式，这是最好的学习方法。对于初中生，我充当他们的"偶像大哥哥"，只要能与他们建立良好关系，他们就会聆听我的教导。至于高中生，我会根据他们所选的文理科，讲解声音原理或诗词意境。这10 年中，我教授了超过 1000 名学生，见证了他们在不同人生阶段的成长，我也因此学会了与不同年龄的孩子沟通的方式和教育他们的方法。

一次机缘巧合，促使我做出了职业转型的决定。我放下了教授笛子的工作，转而投身理财规划师行业。职业转型是一个让人纠结的过程，因为我同时热爱吹奏笛子和教育孩子。当时我思考着，是教授笛子还是帮助他人做好理财规划，对他人的人生影响更大呢？是的，理财是一生中重要的事情，而在学习理财规划的过程中，我也发现很多人（包括我自己）因为理财不善而浪费了许多宝贵的青春时光。因此，我希望通过帮助他人做好理财规划，让更多的人能够拥有财务自由的生活，从而有更多的闲暇时间，能让他们有余力培养对乐器的热爱。

经过 10 年的努力，我成功地协助了数百个家庭进行理财规划，让他们更有效地运用金钱，并为下一代做好准备。从理财的角度出发，我帮助他们为孩子的教育基金做好规划，同时确保家长的未来也有足够的保障，一切都变得美好顺利。然而，同时也有许多家长对于孩子的金钱教育感到困惑：

- 父母希望为孩子准备足够的财务资源，让孩子不必经历艰苦的赚钱过程，但又担心这样做会使孩子丧失自力更生的能力。

- 当孩子向父母要钱买游戏或玩具时，父母强烈反对，因为不让孩子购买，造成亲子关系紧张。

- 孩子提议把压岁钱存放在父母那里，并要求父母每月支付10% 的利息作为零用钱，这样的做法是否合适呢？

当然还有其他许多关于金钱的问题，这些问题使家长感到焦虑，同时也害怕谈论金钱会损害与孩子之间的感情。

这些问题刺激了我对于教育孩子的思考，我深信教育的每一步都有它的价值。如果我有机会重新开始我的理财规划师生涯，我将把品格素养和生存技能融入亲子财商教育中，教家长如何通过活动和游戏，让孩子获得管理金钱的能力。这是否符合家长的需求呢？一提出这个主意，它立刻得到了许多家长的正面回应，他们希望我能尽快推出这门课程。据他们所说，家庭中的财商教育已经迫在眉睫。因此在2018年，我开发了"亲子正面财商"课程以回应市场需求。

在过去的近6年中，已经有超过3000个家庭通过亲子正面财商课程中的方法改善了亲子关系，这些家庭的孩子的品格和生存技能得到了提升，家长的教育焦虑也有所降低。随着我和妻子迎来我们第一个孩子的诞生，我们决定把亲子正面财商课程的内容写成书，以便让更多的家庭能够接触这门重要的学问。

为什么我们要将金钱作为教育孩子的媒介呢？

因为金钱直接触及孩子的现实世界和未来梦想。真正的学习不仅仅发生在教室里，也发生在孩子与现实世界的互动中，其中金钱是一个非常实际的组成部分。

让我们想象一下，对孩子而言，长期目标，比如通过完成学业来获得一份好工作，实在是太过遥远，他们渴望的是眼前能够触及的事物，比如得到一件心心念念的玩具。这正是为什么当我们通过金钱来激励他们实现短期目标时，孩子的动力会被立即点燃。正面的财商教育不仅能激发孩子的内在动力，还能帮助他们学会规划、懂得努力的价值。

凭借多年的教育经验，我发现，通过正面的财商教育，我们不仅能教给孩子金钱的价值，还能帮助他们建立自信心和独立性。对家长而言，这种教育方式能够帮助他们缓解与孩子之间可能出现的矛盾，无论是学习上的挑战，还是生活中的小冲突。

父母的终极目标是希望孩子能够独立、自信地生活和工作。这需要作为家长的我们理解和支持孩子的选择，而不是单纯地追求成绩和名校。我们要教给孩子的，是他们如何能在其热爱的领域中取得成功，并通过这些成功建立起自我学习和进步的能力。正如我经常说的，学习的真正价值在于习得解决问题的能力，而不仅仅是书本上的知识。

我们需要让孩子明白，他们的价值不在于能否进入顶尖大学，而在于他们如何利用自己的知识和技能来创造价值，实现自己的梦想。通过正面的财商教育，我们可以引导孩子理解劳动创造价值的重要性，同时教会他们如何负责任地管理自己的财务，最终帮助他们在未来社会中取得成功。

在完成这本书的过程中，我和我的妻子一直在讨论和总结如何教育我们的女儿，同时也在提升亲子正面财商对于所有实践者的支持力度。过去，我们将亲子正面财商定位为引导父母的方法，但在这本书中，我们将它定位为"让孩子掌握理财的智慧"。亲子教育是一个跨越 10 年的大型计划，我们希望能为孩子创造一个充满鼓励、温暖、合作和有原则的成长环境。而作为父母，我们也同样需要一个在孩子叛逆时我们能够得到安慰和支持、在面临问题时能够与人共同探讨、在取得成功时有人为我们鼓掌的环境。

林宜廷

2024 年 4 月 1 日

目 录 CONTENTS

第一章
亲子正面财商
是什么？

您是否渴望孩子掌握理财的智慧，以便他们能够自由地追逐梦想，并在未来的经济挑战中游刃有余？您是否希望他们不仅学会如何挣钱，还要了解如何节约、投资以及慷慨地分享？若您对这些问题的回答均为肯定，那么《亲子正面财商》这本书便是专为您和您的孩子精心准备的。我们深信，这本书不仅会丰富您的财商知识库，还会在您和孩子的生活中播下正确理解和合理运用金钱的种子。

亲子正面财商是一种全新的理念，它超越了传统的钱币计数和简单的储蓄教育。当我遇到对孩子财商教育感兴趣的父母时，他们常常会询问是否可以仅仅让孩子参与我的课程，希望通过这样的方式让孩子获得理财的知识。然而，我的回答总是让他们略感惊讶：这个课程是以家庭为单位设计的。我需要向他们阐明，亲子正面财商的核心在于家庭共同成长，我们鼓励父母与孩子一起学习、探索和讨论金钱相关的话题。

第一节　10 个常见的财商教育问题

在孩子的成长过程中，许多家长都面临着一系列的财商教育挑战。这些挑战不仅影响孩子的财务观念，也影响家庭的整体财务健康。家长在培养孩子财商时，常遇到的问题包括缺乏财务知识、不一致的金钱观念、避免讨论金钱问题等。

1. 你是否缺乏财务知识？

许多家长自身缺乏足够的财务知识和技能，这使得他们在教导孩子理财时感到力不从心。

例如，有些家长可能不知道如何制定家庭预算，或者不懂得如何解释投资的基本概念。当孩子问起"为什么我们不能买那个玩具？"时，家长可能会因为自己无法合理解释而感到尴尬。这种情况下，家长不仅无法教孩子正确的金钱观，还可能给孩子传递错误的信息，让他们认为财务问题是不可理喻的复杂问题。

2. 你和配偶在金钱问题上是否意见不统一？

在家庭中，如果父母双方对金钱的态度和处理方式不一致，孩子会感到困惑，不知道应该遵循哪种方式。

例如，孩子父亲可能认为应该严格控制零花钱，而孩子母亲则认为应该满足孩子的所有需求。当孩子看到父母在金钱问题上意见不统一时，他们可能会利用这一点来获取自己想要的东西，而不是学会正确地管理金钱。这不仅会导致家庭矛盾，还会让孩子形成不健康的金钱观念。

3. 你是否避免与孩子讨论金钱问题？

许多家长认为金钱是一个敏感话题，不愿与孩子讨论。例如，有些家长会回避孩子关于家庭收入和支出的提问，认为这些问题不适合孩子了解。这种回避行为会让孩子对金钱产生神秘感和误解，甚至可能导致他们在未来无法正确管理自己的财务。当孩子长大后，面对自己的财务问题时，他们可能会感到困惑和无助，因为他们从未学过如何处理这些问题。

4. 你是否用金钱作为控制孩子的手段？

一些家长用金钱作为奖励或惩罚孩子的工具，这会让孩子对金钱产生扭曲的观念。例如，有些家长会将零花钱作为奖励孩子取得好成绩的手段，或者用扣除零花钱来惩罚孩子的坏行为。这些做法会让孩子将金钱与成绩、行为挂钩，形成错误的金钱观念。他们可能会认为金钱是用来控制和被控制的工具，而不是一种需要合理管理和使用的资源。

5. 你是否过度满足孩子的物质需求？

很多家长为了让孩子开心，往往过度满足他们的物质需求，这会导致孩子无法理解金钱的稀缺性和价值。

例如，当孩子要求购买昂贵的玩具或最新的电子设备时，一些家长会毫不犹豫地满足他们的需求，而不考虑这些物品的实际价值和必要性。这样做会让孩子习惯于随意消费，忽视了金钱的有限性和重要性，导致他们在未来的财务管理中遇到困难。

6. 你是否忽视了让孩子实际参与财务管理？

仅仅通过口头教育是不够的，孩子需要通过实际操作来理解和掌握财务技能。例如，有些家长给孩子零花钱，但没有让他们学会如何管理这些钱。孩子可能会在短时间内花掉所有的零花钱，而没有意识到储蓄的重要性。缺乏实际操作的机会，孩子很难真正理解金钱管理的原则和技巧。

7. 你是否只关注孩子眼前的财务需求？

很多家长只关注孩子眼前的财务需求，而忽视了长远的财务规划。

例如，一些家长可能会帮助孩子解决眼前的资金短缺问题，但没有教导他们如何为未来的目标储蓄和投资。当孩子需要购买大件物品或为未来的教育储蓄时，他们可能会发现自己缺乏足够的财务规划和准备。

8. 你是否没有培养孩子的财务责任感？

一些家长在孩子花钱时，没有设定任何限制或责任要求，这会导致孩子养成随意消费的习惯。例如，当孩子要求买东西时，家长总是无条件地满足他们，而不让他们承担任何后果。这样做会让孩子形成随意花钱的习惯，缺乏财务责任感，在未来的财务管理中容易出现问题。

9. 你是否忽视了让孩子从财务错误中学习的机会？

许多家长在孩子犯财务错误时，过于保护或过度惩罚，而不是利用这些错误进行教育。例如，当孩子花掉了所有的零花钱后，家长可能会立即给他们更多的钱，而不让他们体验和反思这种错误的后果。这会让孩子错失从错误中学习的重要机会，无法提升他们的财务能力。

10. 你是否展示了良好的理财榜样？

孩子从父母的行为中学习，家长应该成为孩子的财务榜样。例如，如果家长自己不节制消费、没有储蓄习惯或财务管理混乱。

孩子很可能会模仿这些不良行为。家长应展示良好的理财习惯，如储蓄、投资和合理消费，让孩子从中受益。

通过识别和理解这些常见的财商教育问题，家长可以更清楚地看到自己在培养孩子财商方面可能存在的不足。

这些问题不仅影响孩子的财务观念和理财技能，还可能对他们未来的财务管理产生深远的影响。

亲子正面财商教育是一个持续的过程，需要家长的积极参与和正确引导。家长们应不断学习和改进自己的财务知识和理财技能，以便更好地支持和引导孩子，使他们能够在未来的生活中自信和成功地管理自己的财务。

第二节　儿童财商与亲子财商

我们经常会看到有关儿童财商的书籍或课程,但是儿童财商是不可能单独出现的。在现实生活中,父母对金钱的态度和行为模式对孩子的影响是无法忽视的。如果父母和孩子在理财观念上存在分歧,那么即使孩子参加了最好的理财课程,也可能会和父母产生认知上的冲突。例如,一个企业家家庭的孩子与一个工薪阶层家庭的孩子,他们从小接受的金钱教育和理财观念可能大相径庭。企业家家庭的孩子可能更加理解风险投资的价值,而工薪阶层家庭的孩子可能更加重视稳定储蓄所带来的安全感。这并不是说某种观念就是错误的,而是需要在家庭内部建立统一的理财教育理念。

假如一位家长把孩子送去学习财商,课程中,老师教导孩子金钱是通过工作创造价值而来,所以要找工作而非伸手向爸妈要钱。孩子回家后,向父母表达自己想通过"工作"赚取财富,希望可以为家人贡献自己的价值,但这时父母不明白这个诉求背后的财商观念,对孩子说:"你现在只需好好读书,需要花钱时,拿零花钱就好了。"这样就会产生一个矛盾,严重时可能会让孩子对父母的金钱观念产生怀疑。

在《亲子正面财商》中,我们强调了家庭内部金钱观一致的重要性。我们认为,财商教育应当是家庭成员共同参与的过程,这样不仅能够减少理念上的冲突,还能够增强家庭成员之间的联系。父母是孩子的第一任老师，他们在金钱管理上的观念和行为将直接影响孩子的财商发展。因此，我们呼吁父母首先自我教育，确保他们的财商观念与我们的教育理念相吻合，然后再将这些理念传授给孩子，使整个家庭能够在财务决策上达成共识。

亲子正面财商不仅仅关注金钱的计算和管理，它还涉及价值观、心态和行为模式的塑造。我们设想的财商教育环境是一个家庭共同成长的环境，一个可以让孩子通过日常生活中的互动、决策和实际操作来自然而然地学习金钱知识的环境。这本书就是这样设计的，它提供了一系列的活动、案例研究和互动话题，以便父母和孩子们能够一起参与、一起成长。

我们的目标是帮助您的孩子培养一个健康的财商视角，这不仅仅涉及数字和账户余额，还涉及如何处理金钱以承担社会责任和实现个人价值。我们鼓励孩子学习如何创造价值、理解投资和回报以及如何为社会作出贡献。通过这本《亲子正面财商》，我们不仅希望孩子们能够掌握基本的理财技能，更重要的是，我们希望他们能够理解金钱背后的深层含义和它在生活中的重要作用。

书中的内容不是简单的理论讲解，而是通过生活中真实的例子，让理财教育讲解变得生动和具体。我们鼓励父母通过日常生活中的点点滴滴，如金钱预算规划、购物决策、慈善活动等，来教授孩子财务知识。这样的教育过程不仅能够加强家庭成员之间的沟通，还能够帮助孩子建立起对金钱的积极态度，为他们将来的独立生活打下坚实的基础。

《亲子正面财商》是一本旨在激发全家人共同参与的财商教育工具书。它不仅教授孩子如何理财,还教会他们如何以财务自由为目标,制订出一套适合自己的财务规划。通过父母与孩子的共同努力,我们相信,每个家庭都能在这本书的指导下,建立一个稳固、和谐且充满爱的理财教育环境。

第三节　创造学习环境

亲子正面财商的核心理念在于创造一个富有启发性的财商学习环境,孩子能够通过实践活动和亲身体验来自然而然地掌握财商技能。这种理念强调经历和实践对学习过程的重要性。研究显示,通过实践所获得的知识往往更加深刻且持久,因为它触动了人们的情感,从而提升了认知。

我们回顾孩子在尚未掌握语言沟通能力之前的学习方式,比如学习走路,我们通常不会过多地依赖语言指导,相反,我们会创造一个安全、支持性的环境,让他们通过尝试和失误来自主学习。在这个过程中,父母的鼓励和耐心陪伴是关键。孩子通过摔倒和起身,逐渐掌握了平衡和迈步,最终学会了走路。

沿用这种教育模式,亲子正面财商旨在教会父母如何营造一个类似的财商教育环境。在这样的环境中,孩子能够在参与亲子活动的乐趣中,自然地学习和内化金钱的基本规则。这种学习过程不仅涉及金钱的计数和使用,还包括预算编制、消费决策、慈善捐助等更复杂的财务概念。例如，家长可以和孩子一起举办家庭聚会，制定预算，让孩子通过购买聚会用品，学习预算制定和消费抉择等等。通过亲身参与这些活动，孩子不仅学会了金钱的基本运用，还能学会规划，培养耐心和责任感。

除此之外，这种教育方法还有许多积极的作用。它能够增强家庭成员之间的关系，因为父母和孩子在共同的目标下合作和沟通；它也能够提升孩子的自信心和归属感，因为他们看到自己的努力可以带来真实的成果。

总的来说，我们倡导的亲子正面财商不仅仅是一种财商教育模式，更是一种生活方式，一种培养孩子在财商知识上自我学习和成长的方式。父母的任务是学习和创造启发性、支持性的环境，并与孩子一起在这个环境中成长，共同探索金钱的价值和管理。通过这种互动式的学习方式，我们能够为孩子们的未来打下坚实的财商基础。

第四节　正面财商与负面财商

在一次与一位教师的交流中，我分享了亲子正面财商的概念，这位教师好奇地向我提出了一个问题："既然财商本身是积极的，为什么还要特别强调它的正面属性呢？"我当时就向他解释说，财商确实分为正面和负面。这和智商有不同水平、情商也包含正面情绪和负面情绪一样。

　　首先，我们来探讨一下什么是负面财商。我认为负面财商是指那些使我们偏离金钱和人生目标的行为。比如，一个人每月收入一万元，但是受到无处不在的广告诱导而过度消费，甚至借贷消费，这就是典型的负面财商，它会让我们逐渐陷入金钱的困境。

　　我还注意到市场上有些财商课程教学员如何提高信用额度，不断借款，甚至超出还款能力去投资，寄希望于快速获得巨额回报。虽然我无法完全否认这种方法，因为极少数人可能会成功，但对绝大多数人来说，这样的方法可能将他们推向破产的边缘。

　　我了解到许多人之所以陷入财务困境，都是过度借贷和过度消费所致。在这个数字化广告无处不在、各种借贷平台让消费触手可及的时代，我们不得不问：这难道不是负面财商教育的一部分吗？因此，我常常提醒家长：如果你不教授孩子正面财商，社会上就会有很多人利用负面财商去影响你的孩子。金钱往往从财商低的人流向财商高的人。那么，作为家长，你是否能为孩子提供终身受益的正面财商教育呢？

　　正面财商的一个核心理念是：每一笔金钱背后都有一个伟大的梦想。换而言之，金钱是实现梦想的工具。通过正面财商的教育，我们可以提高孩子实现梦想的能力。我询问了许多成年人他们的梦想是什么，得到了多种多样的回答：有的想环游世界，有的希望疯狂购物，有的想去贫困地区支教，有的梦想创业、发展艺术……我会进一步问他们：为什么不采取行动？总结起来，最常见的回答是缺钱或没时间。这不就是财商不足

11

的直接后果吗？拥有足够的财商，一个人会知道如何为世界创造价值并通过合理的收入分配，让金钱为自己创造财富。一旦金钱带来的收入超过了日常开支，我们就达到了财务自由的境界，拥有了追求梦想的自由。

我的父亲是我财商教育的入门导师。1962年，那是一个物资匮乏的时代，我父亲从潮汕来到了香港这个充满机遇与挑战的都市。刚开始时，他同许多寻梦者一样，身无分文，无依无靠，他的学历也有限，无法为他打开金碧辉煌的大门，甚至有时他不得不在霓虹闪烁的街头找寻一处临时的休息之地。生活的艰辛试图打败他，却无法打败他内心的坚强与不屈。

然而，正是这样的艰难背景，锻造了他坚韧不拔的品性。在接下来的12年里，他的每一步都坚定而有力。他不仅逐渐站稳了脚跟，更在香港这片充满竞争的土地上一点一滴地积累起了自己的财富。他实现了从一个街头小贩到一个成功商人的华丽转变，最终实现了财务自由的梦想。他那种从零开始，不依赖任何外部资助，仅凭借勤劳和智慧积累财富的潮汕精神，不仅成为我的骄傲，也无声地嵌入了我个人的财商基因之中。

成长在这样的家庭氛围中，我从小就被父亲的拼搏精神和正面的财商理念所熏陶。我学会了如何节俭，如何辨识投资机会，如何规划未来。在父亲的影响下，我开始着手实施我的财务自由计划。应该是遗传了父亲的坚韧和智慧，我也在8年的时间里，通过创业和明智的资金管理，达到了财务自由的目标。这不仅是我个人能力的证明，也深刻地表明了正面财商力量的重要性和有效性。

如今，我时常思考一个问题：如果我们将这种正面的财商理念和能力传授给下一代，能想象他们将拥有什么样的未来吗？一个在 35 岁之前就拥有财务自由，能够自主选择生活方式，追求个人梦想的未来。这种教育、这份力量、这份宝贵的礼物，你是否愿意分享给你的孩子？因为这不仅仅是关于金钱管理的教育，也是关于如何生活、如何实现自身价值、如何为社会作出贡献的教育。这是一份能够跨越时间和空间，影响孩子一生的礼物。

第五节　财商教育的目的

在探索财商教育的真正目的时，家长不仅要教会孩子计数和存钱，更要培养他们作为未来社会成员的全方位技能。财商教育的目的是让孩子在这个复杂世界中具备做出明智决策的能力，这不仅涉及个人财务水平的提高，还包括个人价值观的形成和社会责任感的培养。

我坚信，教育应该是启发性的，它应该激发孩子的好奇心和创造力，教会他们如何学习、思考和行动，而财商教育就是这一理念的具体体现。它不是关于如何让孩子变得富有，而是关于如何让他们变得明智——能够理解金钱的价值，学会如何投资自己的教育、健康和幸福，以及如何识别并支持那些对社会有益的事业。

　　亲子正面财商的目标是通过财商教育，帮助孩子建立一种成熟的金钱观，让他们认识到金钱既是一种达成个人目标的手段，也是一种推动社会进步的工具。亲子正面财商希望孩子学会如何赚钱、如何花钱，更重要的是，如何为他们的经济决策背后的道德和社会影响负责。

　　财商教育的真正目的是帮助我们的下一代成为知情、有责任感和充满同情心的全球公民。这样的教育能够确保他们不仅在财务上自给自足，还能在人生的各个阶段做出有益于社会的决策。

　　我在与家长们的互动中，常常会提出这样一个问题：如果你们的孩子不必进入顶尖大学，将来的收入仍旧高于顶尖大学毕业生，他们还可以享受无须与人竞争的快乐童年，作为父母，你们是否愿意接受这样的教育方式？

对此，多数家长的回应充满了热情与期待，彰显了他们对于孩子的幸福和全面发展的深切关怀。

然而，不可避免地，当他们看到周围其他家长让孩子拼命学习时，不安和焦虑情绪开始滋生。

在这关键时刻，我会提醒他们记住教育的真正目的。

我们需要一同回归本质，思考我们对孩子未来的真正期望。让我们一起想象，孩子已经 25 岁，我们期望他们的生活是什么样的？

在我个人的愿景中，我希望我的孩子在 25 岁时，拥有她热爱的事业，创造价值，赢得他人的感激，体会工作带来的满足感，更希望她有一半的收入来源于她的理财技能，让金钱为她工作。这些财富并非来自父母，而是她通过自己的努力赚取的。我愿她拥有足够的自由时间，能够每年有超过 60 天的假期去探索这个世界，回家时与我们分享她的所见所闻。

这样的生活状态，其实正是我 25 岁时的写照。在我 25 岁时，我并非大公司的职员，而是作为一位自由职业者，全情投入教授笛子，每年教授超过 300 名学生。我每天只需工作 2～3 小时，这样的工作量让我有充裕的时间陪伴母亲喝茶聊天，享受与家人的美好时光。每年在孩子考试期间，我可以自由旅行，我的收入足以支撑我想要的生活方式。美中不足的是，我在那时才开始学习理财，而我希望我的孩子能够更早地掌握这项技能。

现在，亲爱的读者，我邀请你放下手中繁忙的事务，给自己一段短暂的休息时间。

请你闭上眼睛，深呼吸，让思绪穿越时空，来到未来的岁月，想象你的孩子已经 25 岁，在春节的温馨氛围中回家时，带着成熟和自信，向你表达深深的感激。他们感谢你不仅给予了他们生命，而且从小培养了他们正面的财商观念，这使得他们在现实世界中游刃有余，能够明智地管理个人财富。

请想象你的孩子现在正在做什么，他们的生活是不是如同你当初所希望的那样？他们是否拥有较高的时间自由度，可以自主安排工作与生活，从容不迫地追求个人的兴趣和发展？他们的收入状况是否让他们生活无忧，甚至可以做出慷慨的捐助，帮助那些身处困境中的人？他们是否从事着内心真正热爱的工作，每天都充满激情和动力？

再进一步，思考他们拥有的品格和技能。他们是否因为你的教育，成长为有责任感、有同情心的成年人？他们是否具备解决复杂问题的能力？是否能在逆境中保持乐观？是否能在团队中展现领导力？他们是否掌握了有效沟通、批判性思考、创新和适应变化的技能？这些技能在现代社会中至关重要。

现在，请你睁开眼睛，将这些想象转化为文字，记录下来。这些记录不仅仅是对未来的期许，更是对当前教育选择的指导，因为这正是我们教育的目标所在：不仅为孩子的未来打下坚实的知识基础，更重要的是培养他们成为具备全面能力的人。

这个愿景或许看起来充满理想，但它并非不切实际的幻想。个人的财富不是凭空产生的，它是观念、品格、技能等多种因素综合作用的结果。这里所描述的每一点，都有可能通过恰当的教育方法和家庭环境来实现。在接下来的内容中，我们将详细探讨如何培养这些因素，如何在孩子的心中播下这些种子，让它们在未来开花结果。让我们一起开启这段旅程，探索如何为孩子塑造一个更加光明的未来。

第六节 夫妻教育同频的工具：财商树

在家庭中，夫妻经常会为金钱和孩子教育产生冲突。如果让财商和孩子教育保持同频，那么家庭关系会更和谐。

1. 夫妻教育同频的重要性

夫妻教育同频的重要性不容忽视。父母在孩子的成长过程中担当着关键的角色，他们共同制定的教育策略对孩子的发展至关重要。首先，夫妻教育同频确保了家庭教育方针的一致性和稳定性。这意味着夫妻之间的期望和规则是明确且一致的，让孩子能够在稳定的环境中成长，明确知道应该如何行动。其次，夫妻教育孩子同频能建立良好的沟通。透过讨论和共同制定教育策略，夫妻能够更好地理解对方的观点和价值观，并在教育孩子时保持一致。这种良好的沟通有助于夫妻之间的合作和互相支持，为孩子提供积极的教育环境。再次，夫妻教育孩子同频为孩子提供了稳定的模范行为。孩子经常观察并学习父母的行为方式，包括价值观、沟通方式和解决问题的方法。夫妻展示一致的正面教育方针，为孩子树立了稳定且正面的行为榜样，有助于他们形成健康的价值观和行为模式。最后，夫妻教育孩子同频增强了家庭的凝聚力。当夫妻共同努力并共担教育责任时，他们建立了共同的目标和价值体系。这种合作和凝聚力有助于建立亲密的家庭关系，为孩子提供安全和积极的家庭环境。因此，夫妻教育孩子同频是确保孩子全面发展和幸福成长的关键所在，值得夫妻共同努力。

2. 夫妻教育同频困难的原因

夫妻在教育孩子方面同频困难的原因有多种。首先，个人的成长背景对夫妻的教育观念和价值观产生影响。每个人根据自己的经历和价值观来看待教育方式，这可能导致不同的频率。其次，个性和沟通风格也可能影响夫妻在教育孩子方面的频率。有些人倾向于严格和结构化的教育方式，有些人可能更宽容，这种差异可能导致分歧和摩擦。此外，社会和文化对夫妻的教育观念和期望也有影响。现代生活节奏快，人们面临着工作压力、家庭责任和其他各种压力，这些可能使得夫妻难有共同的时间和多余的精力来讨论和协商教育事宜，进而影响他们的教育频率。

同样重要的是，孩子的需求和个性也可能影响夫妻的教育观点。每个孩子都是独特的，他们可能有不同的需求和个性特点，夫妻可能因为对孩子的需求和个性的理解不同而产生不同的教育观点。

尽管夫妻在教育孩子方面同频可能有困难，但通过开放的沟通、尊重彼此观点和价值观、寻求共同点以及寻求专业支援,夫妻可以努力建立一致的教育方式,以确保他们共同为孩子的成长和发展而努力。

3. 夫妻共同制定教育策略的方法

(1)开放和尊重的沟通:确保夫妻之间的沟通是开放的和互相尊重的,并且彼此都有机会表达自己的观点和意见。建立一个安全的空间,让彼此感到被聆听和被理解。

(2)理解对方的观点:努力理解对方的观点和价值观,并尊重彼此的差异。每个人都有看待教育和成长的独特视角,要学会容纳和接受这些差异,并寻找共同点。

(3)共同制定教育目标:讨论并确定共同的教养目标和价值观。明确地设定目标可以帮助夫妻共同努力,并确保在教育孩子时保持一致。

(4)分工合作:根据彼此的才能和时间安排,合理分工,共同承担教育责任。确定各自的角色和贡献,并在教育过程中相互支持。

(5)定期讨论和回顾:定期安排讨论时间,回顾教育策略的有效性,并进行必要的调整。这有助于夫妻之间持续沟通,并确保教育策略与孩子的需求是一致的。

(6)寻求专业支援:如果夫妻在教育策略上遇到困难或分歧,可以考虑寻求专业的教育辅导或咨询。专业的支援可以提供中立的观点和实用的建议,帮助夫妻解决问题并改善沟通效果。

(7)最重要的是夫妻之间的沟通和合作,这是制定良好教育策略的基础。通过互相尊重、理解和共同努力，夫妻可以建立强大的教育团队，为孩子提供积极和有利的成长环境。

4. 财商树活动指南

（1）目的

财商树是一个帮助夫妻双方就孩子教育同频而明确各自期望的工具。

（2）所需材料

①两张白纸。

②两支笔（如果有多色彩笔，效果更佳）。

（3）步骤

①准备阶段：夫妻双方各拿一张白纸和一支笔，分别在各自的白纸上绘制一棵大树，并在树上画出 10 颗果子。

②独立思考：夫妻双方分开，互不查看对方的画作和笔记。设置闹钟，计时 10 分钟。

③写下期望：在接下来的 10 分钟内，各自在果子上写下希望孩子成年后所具备的品格和社会生存技能。如果超过 10 个品格或技能，可以写在纸上的空白处。

④交换与比较：10 分钟结束后，夫妻交换彼此的纸张，仔细查看对方的答案。圈出相同的果子，并将不同的写在一旁。

⑤深入讨论：对于相同的果子，夫妻双方各自清晰明确地表达自己对该品格或技能的理解和期望。例如，对"学习力"一词，妈妈可能指的是在各方面都能快速学习，而爸爸可能特指学业成绩优异。通过讨论，双方可以更清楚对方对孩子的期

望和教育方向。

⑥理解差异:对于不同的果子,各自花 5 分钟时间解释自己为何有这样的期望,对方则在旁安静聆听。

⑦整合财商树:根据讨论的结果,整理出一棵反映夫妻共同教育目标的家庭财商树。

以上就是财商树练习。在双方交换看对方答案时,如果有相同的果子,那就太好了,说明双方有相同的教育目标;如果有不同的果子,那就更好了,说明双方非常互补。用欣赏的眼光来看对方的答案,用好奇心来讨论双方对孩子教育的看法,最终总结出夫妻共同教育孩子的家庭教育财商树。

第七节 金钱结果的根源

亲子正面财商经常将教育比拟为一棵巍峨挺拔的大树,这是一个美丽而深远的比喻。如同我之前所提及的,金钱本质上是一种结果。当我和读者谈论到结果时,我们可以想象一棵大树上结了很多果实,如果这些果实过于酸涩,甚至带有苦味,我们应该怎么办?最直接且粗暴的解决方式可能是在果实上加工,将糖水注射进果肉中,以期改变其风味。但若这些果实代表着我们的下一代,你会选择这样做吗?这与现实中一些家庭通过金钱奖惩来教育孩子的情形何其相似。这样做或许会立刻见效,但这仅是对症下药的措施,并没有触及问题的核心。采用以金钱作为工具的教育方式,长此以往,一旦金钱的诱因消失，孩子的进取心可能也会随之消失，这绝非家长们希望见到的结局。

进一步深入思考，假设这棵代表着才能的树所结出的是金钱果实，而我们渴望改善这些果实的品质，我们就必须从根本做起，为这棵树提供更佳的生长环境，这包括充足的阳光、洁净的空气、丰沛的水量、营养丰富的土壤，除了这些，还有一个不可或缺的要素，那就是无条件的爱。只有这样，这棵树所产生的由内而外的变化才是最为自然且持久的。

行为和结果是可见的，就像树上的枝叶，我们可以直接观察到它们，但是根深蒂固的感受、信念、价值观和归属感却是隐藏于地下的，不易被察觉。

当我们认识到金钱的结果可以追溯到这些隐秘的根源时，我们就明白应当如何培养孩子。我们要引导他们建立稳固的自我价值观，并寻找他们在社会中的归属感。孩子们若拥有健全的自我价值观和强烈的社会归属感，他们对金钱的看法将会是正面和健康的。这种正向的金钱观会带来积极的情感体验，从而激发出更好的行为选择，而这些行为最终将导致更好的结果。金钱在这个过程中不再是最终目的，而是一种衡量价值和成就的方式。这样的理解有助于孩子们建立与金钱相处的健康方式，而不是被金钱所驱使或束缚。

孩子的成长就像是树的生长过程，需要耐心、关怀和适当的指导。我们不能仅仅将眼光聚焦在树冠的繁茂上——那些容易看见和衡量的成就，如学业成绩、体育比赛奖项等。相反，我们应该更多地关注那些不那么明显的部分，即树木的根系

——孩子的自我认识、情感管理能力、人际关系和道德价值观。这些是支撑孩子未来成长的基石，也是他们作为社会成员能够正确运用金钱的根本。

因此，作为父母和教育者，我们应该努力提供一个充满爱、支持和正确价值观的环境，使孩子能在这样的环境中茁壮成长。我们要教导孩子们如何建立长期目标和实现这些目标的方法，而不是追求短期的金钱奖励。

我们要鼓励他们追求知识、发展兴趣和培养人际关系，这些都是人生的重要资产，远比金钱更有价值。当孩子学会了如何为自己的行为负责，学会了如何通过自己的努力实现目标，金钱自然会跟随他们的成果而来。

这种教育方式要求我们转变观念，从短视近利的金钱观转向更加全面和长远的人生观。这是一个复杂但值得投资的过程，因为这不仅仅是为了孩子个人的未来，更是为了我们社会的整体健康和繁荣。通过这样的教育，我们能够培育出一代有能力、有责任感和有同情心的年轻人，他们将以更加成熟和理智的方式来管理金钱，并以此为工具来改善自己和社会的福祉。这样的年轻人将不仅是金钱的赚取者和使用者，更是社会责任和伦理道德的守护者。

培育这样的下一代，意味着我们需要从小培养他们的批判性思维能力，让他们能够理解金钱背后的价值和意义，以及如何在道德和伦理的框架内使用它。我们需要引导孩子们学习合作与分享，让他们明白，虽然金钱是一种个人成功的象征，但它也应该被用来支持彼此和提升集体福利。

通过这样的教育，孩子们会理解，金钱仅是达成目标的手段之一，而非终极目标。他们会明白，真正的成功并不只看银行账户里的数字，还要看他们如何影响和提升了他人的生活质量，以及他们对社会的贡献。

此外，我们也应该教会孩子们关于金钱的实际知识，包括基本的财务管理技能、投资原则以及如何合理地消费。这将使他们在成长过程中能够做出明智的财务决策，避免不必要的债务，并为未来的经济安全打下坚实的基础。

总之，我们应当鼓励孩子们去追寻他们的梦想，并用他们的才能和努力来创造价值。当我们将重点放在内在成长和个人成就上，而不是放在金钱的外在奖赏上时，我们就能够帮助他们建立一种正面的自我形象和生活态度，这将使他们在未来的道路上，无论是财务上还是情感上，都能够走得更稳、更远。

最终，当我们回望这棵教育大树时，我们希望看到的不仅仅是它外在的繁茂和富饶，还有内在的充实和丰盈。在这样的教育理念下，金钱不是孩子们的主宰，而是他们生活中的一个有益工具、一种能够帮助他们实现更大目标的资源。这样的孩子将成材，不仅是因为他们的经济成就，而是因为他们的人格魅力和对社会的贡献。他们的成功将不是狭义的财富积累，而是广义的、多维度的、具有深远影响力的成功，这真正值得我们做父母的为之努力。

第二章
金钱信念

　　"金钱"，看似简单的两个字，其实包含了生活的许多复杂面。它不仅仅是交易的媒介，对它的认识更是我们价值观、信念和情感的表达。金钱信念，这些深植于我们内心的想法和预设，塑造着我们对财富的感受、处理金钱的方式以及财务成果。

　　作为一名教育者和父亲，我深切地认识到，在塑造孩子的金钱信念上，家长们担负着不可推卸的责任。当孩子们怀抱着正面的金钱信念时，他们会感到自信、安全，并且更有可能获得幸福感。这种信念能够激励他们做出明智的财务决策，从而拥有更加稳定和可期的未来。然而，我们也必须警惕那些潜在的负面金钱信念，它们会让人滋生焦虑和压力，甚至可能导致人们对生活感到不满。这些信念通常是无意识形成的，或许来自我们早期的观察、经历，或许来自父母和社会。

　　在引导孩子建立金钱观念时，我们必须首先理解他们的信念是如何形成的，这也就是说，我们需要深入了解他们的想法、感受以及它们背后的原因。这是一个不断探索的过程，它对于帮助孩子们形成正面的金钱信念是至关重要的。

　　作为家长，我们有时候会发现自己被负面的金钱信念所束缚，这些信念可能导致了一些不理想的财务结果。认识到这一点后，我们就能够有意识地采取行动，向孩子们传授正面的金钱观念。通过这样做，我们不仅能帮助他们避免将来可能遭遇的金钱问题，还免除了他们未来可能需要为改变负面信念而付出的代价。"预防胜于治疗"，这句老话在金钱教育上同样适用。

让我们一起努力，让孩子们建立积极、健康的金钱信念，让他们从小就具备理财的智慧和能力，这将是我们给予下一代最宝贵的礼物之一。

第一节　金钱信念的来源

金钱信念的形成受到多个因素的影响，以下是四个主要的因素。

1. 家庭背景和教育

家庭背景和教育是形成个人金钱信念的重要来源之一。父母的态度、价值观和行为对孩子的金钱观念产生深远的影响。如果父母对金钱有积极的态度并教给子女良好的财务管理技巧，孩子可能会形成积极的金钱信念。相反，如果父母对金钱有消极的态度或缺乏对孩子的财务教育，孩子可能会形成消极的金钱信念。

2. 个人经历和观察

个人的经历和观察也会影响金钱信念的形成。例如，如果一个人在成长过程中经历了财务困难或负面的金钱后果，他们可能会形成对金钱的消极信念。同样，如果一个人观察到身边的人在金钱方面取得成功并获得幸福，他们可能会形成对金钱的积极信念。

3. 社会文化和价值观

社会文化和价值观对金钱信念的形成也具有重要影响。不同文化和社会传递的关于金钱的价值观和观念有所不同。例如，在一些文化中，金钱被视为成功和地位的象征，而在其他文化中，金钱可能被视为不重要甚至是负面的东西。个人在什么样的文化环境中长大，很可能受到相应的金钱信念的影响。

4. 媒体和社会的影响

媒体和社会对金钱的描绘也会影响金钱信念的形成。如果媒体经常传播追求财富和物质享受的资讯，这可能影响个人关于金钱的价值观和信念。此外，社会的期望也可能对个人的金钱信念产生影响，如追求高薪职业、以财富对应社会地位等。

综上所述，金钱信念的形成源自家庭背景和教育、个人经历和观察、社会文化和价值观以及媒体和社会的影响。这些因素相互作用，塑造了个人对金钱的看法、价值观和行为模式。

社会文化和媒体对孩子的影响非常大，而父母在干预孩子接触的社会文化和媒体方面往往比较困难，因此，亲子正面财商的研究专注于探讨家庭对孩子金钱信念的影响，以及如何创造正面的金钱体验，从而有利于孩子的成长。在孩子成长的早期灌输正面财商观念，也有可能影响他们在青少年时期对社会文化和媒体的选择。

第二节　家庭核心价值

金钱观念深植于三个关键因素：家庭的核心价值、父母关于金钱的实际行为以及育儿方式的细节。家庭的核心价值尤为重要，它们如同指南针，指引着孩子在金钱管理和理解上的方向。将这些价值观象征性地分为火、水、风、土四个元素，我们可以更好地理解它们的内涵。

1. 火元素

火象征着热情与动力，是家庭激励的源泉。当家庭中充满积极、鼓舞性的火元素时，孩子会感受到热忱和鼓励。鼓励可以增强孩子的自尊心和自信心，激发他们的学习动机，并有助于培养他们的情感发展、自主性和家庭联结。当孩子受到鼓励时，他们感到被重视和肯定，这有助于他们建立对自己能力和价值的正确看法。这种鼓励和支持使孩子更有勇气尝试新事物，面对困难和挑战。同时，鼓励也可以激发孩子的学习热情，使他们更好地投入学习和成长，并取得更好的成绩和更大的进步。家庭中的鼓励与爱和关怀紧密相连，有助于家人间建立积极的情感联结和信任。通过鼓励，培养孩子独立思考和解决问题的能力，增强其自主性和责任感。良好的家庭关系和情感联结因此得以建立，家庭成员之间的信任和理解得到加强，促进了良好的沟通和合作。因此，鼓励在家庭中扮演着重要的角色，支持孩子的成长和发展，帮助他们建立积极的价值观和信念，迎接生活中的挑战。相反，如果火元素变成了责难和批评，孩子可能会感到压力和失落。

2. 水元素

水元素代表合作的家庭氛围，积极的水能量促进家庭成员间的支持与理解。在一个家庭中，合作的家庭氛围对孩子的成长和发展起着至关重要的作用。家庭成员合作，不仅仅能完成任务和解决问题，更重要的是能培养孩子的团队合作能力和人际交往技巧。合作的家庭环境鼓励孩子学会倾听他人的意见、尊重他人的观点，并通过共同努力达成共识。这样的经验不仅对孩子经营人际关系有益，还对他们在学校和未来的职业生涯中的团队合作能力产生积极影响。此外，合作的家庭氛围也能教会孩子责任感和自律能力，因为他们要学会分担家务和责任，体会到彼此之间互相支持和依赖的重要性。通过合作，还能培养孩子解决问题和应对挑战的能力，从而让孩子成为更加自信和适应社会的个体。因此，建立合作的家庭氛围对孩子的整体发展和幸福感至关重要。

3. 风元素

　　风元素代表着温暖的家庭氛围，它对孩子的发展有着深远的影响。在一个温暖的家庭中，孩子能够感受到爱、关怀和支持，这种安全感对于他们的健康成长至关重要。温暖的家庭氛围提供了一个积极的环境，让孩子自由表达情感、发展自信，并探索自己的兴趣和才能。家庭成员之间的亲密关系和情感联结为孩子提供了稳定的情感支持，并成为他们树立积极价值观和做出积极行为的重要来源。此外，温暖的家庭氛围还培养了孩子的情绪调节和适应能力，使他们能够更好地面对生活中的挫折和压力。

4. 土元素

　　土元素象征有原则的家庭氛围，有原则的家庭氛围对孩子的成长和发展起关键作用。这种家庭环境帮助孩子建立价值观和道德标准，使他们明白什么是对和错、道德行为的重要性。同时，有原则的家庭氛围为孩子提供了安全感和稳定性，让他们能够在一个明确的规则框架下生活，从而培养自律性和责任感。这种家庭环境还为孩子提供了积极的行为模范，通过家庭成员的榜样作用，引导孩子养成良好的习惯和品质。最重要的是，有原则的家庭氛围培养孩子的决策能力和道德判断力，使他们能够根据家庭的原则和价值观做出明智的选择。身处这样的家庭环境，孩子能够成为有品德、有责任心的个体，为未来的成功和幸福打下坚实的基础。

在培养孩子的财务智慧时，火元素宛如照耀万物的太阳，提供了成长所需的光照和温暖。父母的积极鼓励如同阳光般温馨而强大，能够激发孩子内在的潜力和自我实现的渴望。这种正能量的汇聚营造了一个充满鼓励、温暖、合作和有原则的环境，为孩子打下了健康成长的基础。在这样的环境中，孩子不仅能学会理财，更能形成一种积极向上的人生态度。

然而，如果家庭中的四元素呈现出消极的力量，孩子就会在责难、冷漠、无序和内斗的环境中挣扎，这无疑会阻碍他们健康成长和积极培养自己的金钱观。

让我们用一个具体的例子来描绘不同的家庭价值所带来的影响。假设一个孩子在商店看到了一款他非常喜欢的玩具，他的第一次尝试被立即以"这玩具太贵了，别买"的说辞拒绝，孩子可能会感到失望和挫败。紧接着。如果父母的态度是"随便你，我不管"，孩子可能会感到被忽视和不被支持。当父母用"看看别人的孩子多懂事，不会像你这样任性"来比较时，孩子的自尊心可能会受伤。在这些情景中，孩子深刻体会到金钱带来的紧张和父母的不满，从而将金钱与负面情绪联系起来，而不是把它作为实现愿望和目标的工具。相反，当面临同样的情景，如果父母采取了不同的方式，情况可能截然不同。当孩子看到心仪的玩具时，父母首先肯定他的喜好："你很喜欢这个玩具吗？那真是太好了。"这种积极的开场传达了火元素代表的温暖鼓励，激发孩子的热情。接着，父母以合作的态度提出："我们来一起想想办法，看怎样才能让你拥有这个玩具。"这是水元素代表的积极交流，鼓励沟通与共同解决问题。家长进一步强调孩子的价值："你是值得的。"这句话如同风元素，给予孩子自由和自信，去追求他们的目标。而土元素则体现在家长提出的实际行动上："我们回家后可以一起探讨如何通过创造价值来获得它。"孩子在这样的指导下学会了通过规划和努力赚取所需，而不是单纯地被动接受。家长最后说："我们全家都会支持你的梦想。在创造这个机会的过程中，你是值得拥有它的。当你实现了梦想，我们都会为你欢呼庆祝。"为孩子提供一个团结的家庭背景，这是家庭中爱的具体表现，同时也融合了所有元素的积极能量。在这样的环境中长大的孩子，不仅能够理解金钱的价值，也能够学会如何通过自己的努力去实现愿望，这些都是财务智慧和自我成长不可或缺的部分。

这个例子展示了父母如何通过其核心价值观和日常行为对孩子的金钱观念产生深远影响。通过积极的引导和榜样的作用，父母能够帮助孩子建立起积极的金钱观念，这将伴随他们的一生。

第三节　父母的金钱管理行为

父母在金钱管理上的行为模式为孩子提供了最直观的财商教育。对这种行为模式，我们可以用自然界中的火、风、水、土四元素来类比，帮助大家理解其内涵。

1. 以火元素为代表的冒险型理财风格

冒险型理财者追求的是短期内的高回报和对数字的精确把控。他们具有对宏观趋势的敏锐感知，对细节则相对不太关注。面对理财，他们首要关心的是潜在的回报率，而且对于高风险高回报的投资持开放态度，甚至对冒险充满热情，觉得如乘坐过山车般刺激。由于胸怀自信，他们相信自己即使一无所有，也能东山再起，因此在做出财务决策时，往往依赖直觉，并不畏惧决断。

在选择理财工具方面，冒险型理财者倾向于那些有可能快速带来回报的投资，比如自主创业，他们享受在商业活动中的主导权和可能带来的高倍数回报。股票投资也在他们的考虑之列，甚至不惜借贷投资来追求可能的高收益。至于房地产投资，他们更喜欢通过短期的买卖来获取收益，因为相比出租房产的长期且较低的回报，他们更希望通过"炒房"快速获得利润。因此，冒险型理财风格往往带有一定的投机性质。

每种理财风格都有其优势和随之而来的挑战。冒险型投资者需要谨防因追求高回报而盲目投资所带来的风险。他们的这种风格有时也会给家庭带来不稳定感，家人可能会因此频繁提醒风险，甚至积极阻止高风险投资策略的实施。家人的担忧有时会被冒险型理财者视作其错失良机的原因，引发其不满。冒险型理财者多追求短期回报，往往缺乏长期理财的耐心，这点在家庭长期计划中可能成为一个弱点。最后，他们对风险的感知可能不够敏感，这在追求回报时是需要特别注意的。

在我的家族中，父亲是那种典型的风险承担者，具有冒险型的理财风格。回想 20 世纪 60 年代，家乡的贫瘠让人无法得到足够的食物和温暖的衣物，正是在那样的背景下，一次偶然的机会，他听闻香港是个能够积累财富的地方。尽管当时他一贫如洗，缺少资金、人脉、学历，但他仍然坚定地离开了故乡，带着对未来的希望和决心，独自前往香港。抵达后，他面对的是街头的艰苦生活和体力劳动，但正是这种冒险精神的驱使，使他将辛勤劳动得来的钱财积攒起来，并在恰当的时机选择了冒险投资。这样的决策，让他仅在 12 年的时间里，便实现了一定程度的财务自由——即使不再工作，也有稳定的收入来维持正常的生活。这正是冒险型理财风格的优势所在：在我们家族的历史中，能够带领家人摆脱贫困的，往往是那些敢于冒险的人。然而需要指出的是，正如"水能载舟，亦能覆舟"，家族的兴衰往往也与冒险者的选择息息相关。故而，真正的有效理财在于能够充分发挥自身的长处，并明智地使用它们。

2. 以风元素为代表的购物型理财风格

购物型理财者以追求短期快乐为主，区别于冒险型的是他们更看重生活享受与感性消费。他们将"活在当下"作为人生座右铭，热衷于购物消费，坚信金钱的价值在于使用而非累积，把钱仅当作数字是没有意义的。他们购物不仅是为了自己的喜悦，也乐于通过送礼来传递快乐，身边的人常能感受到他们对品质与享受的追求，他们有时甚至会被视为"购物狂"。

购物型的人倾向于进行特殊的投资，比如收藏品。他们可能会收藏古董红木家具、瓷器、书画等，这些不仅能即刻成为谈资，还能立即提供审美愉悦，这种即时性是他们所追求的回报。对于女性而言，珠宝首饰如钻石、金饰、琥珀等成了她们的投资焦点，而男性往往对名贵手表情有独钟。在他们看来，这些投资品不仅有保值甚至升值的可能，更能让他们立即享受。他们的每一笔消费都能用投资的逻辑来合理化。另外，他们也将人际关系视为重要的投资，深信良好的人脉能孕育无限机遇。而在房地产投资方面，他们投资的房产多用于展示收藏品和招待朋友，而非出租获取收益。

然而，对于购物型投资者来说，他们面临的最大挑战是资产的流动性较低，在急需变现时可能发现收藏品难以按预期价格出售。在家庭生活中，冲动消费可能导致与家人间的沟通不足和矛盾。由于他们往往缺乏预算和计划，这可能会打乱家庭的财务安排。此外，"今朝有酒今朝醉"的消费习惯可能会导致家庭储蓄不足。这些都是购物型理财者需要注意并谨慎处理的问题。

在我的家庭中，购物型理财的代表非我夫人莫属。她作为一名理财顾问，购物时总能巧妙地找到与理财挂钩的理由。她经常向我解释，收藏品的价值在于其稀缺性——越是昂贵、稀有或限量发行的物品，其保值甚至升值的潜力越大。而另一个更具说服力的理由是，作为一名理财师，她坚信自己必须要有一种精彩的生活方式，否则人们可能会质疑她的理财能力。因此，曾经有一年她出国潜水达 4 次，这不仅是她享受生活的方式，也展示了她的理财风格。

实际上，每个家庭都可以从购物型的成员那里获得一些启示，因为他们提醒我们金钱不仅仅是口袋里的硬币和纸张，它还是实现美好生活的工具。利用钱，可以获得物质上的享受，由此产生的美好回忆是心灵深处的无价之宝。享乐型的人懂得花钱的艺术，他们知道如何为家庭带来更多的品质生活和欢乐时光。

3. 以水元素为代表的保障型理财风格

保障型理财风格的人同样注重生活享受和情感体验，但由于他们对风险的敏感性，所以会偏向于长期的理财规划和稳健的金融决策。这类人喜欢节约，购物时会精打细算，绝不会冲动消费。他们将省下来的钱用于规律性储蓄，这是他们理财的核心策略，认为银行账户里的资金是未来生活稳定性的保障，因此，他们在储蓄时会考虑到 10 年、20 年甚至 30 年后的生活需求。

保障型的人在选择理财工具时会更为谨慎和保守。保险产品是他们的首选之一，因为保险能为家庭提供一张抵御未来风险的安全网，确保多年积累的储蓄不会因意外而化为乌有。除此之外，他们也倾向于投资低波动性的定期存款和国家债券，这些理财工具提供稳定的利息收入和长期的现金流，符合他们对财务安全的追求。

保障型理财者面临的挑战之一是他们的长期思维模式可能会让他们忽略当前的生活质量，这有时会让家庭成员感觉生活缺乏情趣，或者给人一种过分节俭的印象。实际上，他们是在为家人考虑，将消费重心放在未来的安全与稳定上。另一个挑战是，当亲朋好友知道他们有较多的存款时，可能会向他们借钱。由于保障型的人除了注重财务安全，一般也重视人际关系，所以他们很难拒绝借贷请求，这可能导致资金损失。最后，保守的理财工具在对抗通货膨胀方面可能会显得无力，长远来看，这种理财风格可能面临货币购买力下降的风险。

在我们家，母亲无疑是保障型理财风格的完美代表。她在日常生活中表现出的节俭，为她提供了足够的财务安全感。她的理财方式恰似一座储存冬日粮食的仓库，我们家的其他成员或许正忙于冒险投资或享受生活，她却始终在不声不响地为家庭的"粮仓"增加储备。这座"粮仓"对于家庭来说至关重要，确保无论冬天的严寒持续多久，我们家总有充足的储备以安度寒冬。保障型理财风格的人，就如同家族的守护者，是维系家族繁荣昌盛的关键角色。

4. 以土元素为代表的分析型理财风格

分析型理财者以理性和数字为中心，擅长制订深思熟虑的长期规划。他们的显著特征是对研究和分析的热爱，总是在追寻理想的理财方案，旨在实现低风险与高回报的最佳平衡。在理财决策过程中，他们寻求充分的证据支持，因此他们会深入研究投资产品的历史表现，甚至不惜投入时间和资金学习相关的专业课程，以做出明智的投资选择。对于分析型的人来说，消费不仅仅是为了享乐，他们追求的是精确而详细的未来规划，希望能够找到一套完美无缺的理财策略。

分析型理财风格的人对各种理财工具都有广泛且深入的了解，涵盖了保险、债券、股票、基金以及房地产等多个领域。他们认识到依靠单一的投资产品是无法制订出全面的理财计划的，因此他们会通过不同类型的理财工具进行资产配置，以设计出最适合家庭的财务方案。同时，他们能够详尽地规划未来，确保在每个阶段都能从他们的计划中抽取所需的资金。

分析型的人通常不是乐观主义者，他们会密切关注未来可能出现的风险及其对家庭的影响，有时候过于悲观的思考可能会削弱他们的行动力。对完美的过度追求有时也会让他们陷入分析的漩涡，长时间的研究可能导致错过一些短暂出现的好机会。

在我们家庭中，担当分析型理财角色的就是我——一名拥有国际视野的理财师。对我而言，分析和研究不仅是工作的一部分，更是一种享受。我曾经投入了整整两年的时间深入学习理财知识，并最终取得了中国和国际双重认证的理财师资格。的确，我也曾陷入为客户制订完美理财方案的漫长研究之中，这个过程让我领悟到，并不存在所谓的"最好"的方案，只有"最适合"的方案。而且我明白，单纯地研究而不付诸行动是不够的。因此，我的理财座右铭变成了"先分析，再行动，不断修正"。这不仅指导着我的专业实践，也是我为客户和自己家庭制订理财规划时所遵循的原则。

在许多家庭中，家长的金钱管理行为风格往往倾向于某一两种，这可能会导致孩子在理财方面的学习不够全面。正如火、风、水、土四大元素缺一不可一样，家庭中各种理财风格的均衡也是至关重要的。

设想一下，如果家庭中父亲是进取型，母亲是购物型，这样的家庭可能会在财务策略上颇为激进，同时也可能会缺乏必要的安全保障和周密规划。这会使得家庭的财务状态变得不稳定，承担不必要的风险。

因此，我在这里邀请各位家长与你的伴侣探讨一下，你们的金钱行为风格倾向于哪种元素，以及你们可能缺少哪些元素。我们需要意识到，填补这些缺口不仅对家庭财务健康至关重要，也是为孩子树立正确理财榜样的良机。孩子的财商水平很大程度上是由父母的认知和行为所决定的。父母一旦提高自己的财商水平，整个家庭的财务对话将更加和谐，谈论金钱的时候也会更加温馨。

因此，补全家庭中缺失的理财元素，提高家庭成员之间在金钱方面的沟通与理解，不仅能够增强家庭的财务安全感，还能够在孩子心中树立健康全面的财商观念。这样，我们就能在确保财务安全的同时，为孩子打造一个坚实的财商基础，让他们在未来能够独立而明智地做出理财决策。

第四节　金钱教育方式

在传统的家庭教育观念中，我们通常会发现两种极端的教育方式：一种是以父母为中心的"都听我的"，另一种则是以孩子为中心的"都听你的"。这两种方式在金钱教育方面表现得尤为明显。以孩子渴望得到的玩具为例，这不仅仅是一个物质愿望的体现，更是一次关乎金钱的教育机会。

1. "都听我的"

当父母坚持"都听我的"，孩子在金钱管理和决策的过程中会变得被动。这可能会导致孩子在面对父母的拒绝时感到挫败，甚至产生反抗心理。他们可能会因为缺乏掌控感和参与感，而缺乏对金钱的理解和管理能力，最终发展受限。

如果孩子每一次购物都必须听从父母，而没有自主决策的权利，可能会对孩子和整个家庭产生一些负面影响。

（1）缺乏自主决策能力：当孩子无法参与购物决策时，他们无法学习如何独立地思考和做出决策。这可能导致他们在成年后面临困难时，缺乏自信和能力做出适当的决策，从而影响他们的独立性和成长。

（2）无法理解金钱管理的重要性：金钱教育是培养孩子理解金钱价值和管理能力的重要一环。如果孩子没有参与决策的机会，他们可能无法理解金钱的价值，不知道如何合理地支配和管理资金。这可能导致他们在未来面临金钱挑战时，无法做出明智的决策，甚至可能陷入财务困境。

（3）缺乏责任感和自我控制能力：当孩子没有自主权时，他们可能缺乏对自己的购物决策负责任的意识。他们可能不会体会到金钱的价值，也无法学会控制自己的消费欲望。这可能导致他们在长大后养成浪费和过度消费的习惯，缺乏节制和理性的消费观念。

（4）家庭关系紧张：如果孩子一直被剥夺决策权，可能会导致家庭关系紧张和不和谐。孩子可能感到被控制和不被尊重，可能因为父母过度控制而引发家庭冲突。这种紧张氛围可能对孩子的情感健康和家庭凝聚力产生负面影响。

因此，在亲子金钱教育中，给予孩子适当的决策权和参与度非常重要。孩子应该有机会学习如何做出理性的购物决策，理解金钱管理的重要性，并被培养独立性、责任感和自我控制能力。这样的教育方式有助于孩子的全面发展，为他们未来的金钱决策能力打下坚实的基础，并建立健康的家庭关系。

2."都听你的"

相反，如果父母始终采取"都听你的"方式，孩子可能会形成一种错误的认知——只要我要求，我就能得到。这种教育方式可能会剥夺孩子认识到通过努力来实现梦想的重要性的机会，并可能导致孩子形成不劳而获的心态。

如果在亲子金钱教育中，孩子的每一个购物决定都被父母听从和满足，可能会对孩子和整个家庭产生一些负面影响。

（1）缺乏金钱管理能力：如果孩子的每个购物要求都被满足，他们可能无法学习到金钱的价值和管理技巧。他们可能会变得消费无度，缺乏理性的消费观念和储蓄习惯。这可能导致他们在成年后面临财务问题和困境。

（2）无法适应现实生活：在现实生活中，所有的购物要求不可能一直被满足。如果孩子在家庭中没有学会如何做出正确的购物决策，他们可能会在社会中遇到困难，无法适应欲望无法被满足的现实情况。

（3）缺乏责任感和自律能力：当孩子的购物要求总是被满足时，他们可能无法理解和体会家庭财富的有限性和权衡取舍的重要性。他们可能缺乏对自己行为负责的责任感和自律能力，难以控制自己的消费欲望。

（4）破坏家庭经济稳定：如果孩子的每个购物要求都被满足，可能会对家庭经济稳定产生负面影响。这可能导致家庭财务紧张，家长无法有效管理家庭预算和储蓄计划，进而影响家庭的经济状况和未来的发展。

（5）缺乏价值观和责任心：在金钱教育中，重要的是教育孩子理解金钱的价值、赚取和节制的重要性。如果孩子的每个购物决定都被满足，他们可能无法形成正确的价值观和责任心，无法理解金钱的积极意义和正确用途。

因此，在亲子金钱教育中，父母应该教孩子认识金钱的价值、理性消费和储蓄的重要性。孩子应该学会权衡取舍和自主决策，以及理解家庭财富的有限性。这样的教育方式有助于孩子培养良好的金钱管理能力、责任感和自律能力，并为他们未来的经济独立打下坚实的基础。

3.“有原则，有选择”

在这个背景下，我们提倡的是一种平衡的教育方法——有原则、有选择，既考虑原则又留有选择空间。当孩子有一个物质梦想时，我们可以引导孩子建立一个梦想相册，这不仅可以激发他们的想象力，也是一个将梦想具象化的过程。我们可以与孩子一起打印和贴图，让梦想在孩子眼前变得生动、具体。

在孩子的梦想相册完成后，我们可以给孩子提供获取梦想玩具的机会，让他们体会劳动的价值和赚钱的过程。这不仅是对劳动创造价值的体验，更是关于价值交换的实践。孩子通过自己的行动为他人提供帮助，从而获得相应的金钱回报。

随着孩子完成任务，我们给予的不仅是金钱上的报酬，更是对他们的努力和价值的认可。我们可以用赞扬和感谢来肯定孩子的行动，这样孩子就会感到自己的努力是有价值的。然后，我们可以陪伴孩子去商店，让孩子亲身体验使用自己挣到的钱购买玩具的过程，这是一个宝贵的教育时刻。孩子会明白，梦想的实现不仅仅取决于父母的一句话，而是要通过自己的努力和创造。

当孩子最终拿到心仪的玩具时，我们应当一起庆祝这个成就，这不仅是对孩子努力的肯定，更是对他们成长过程的支持。孩子会感受到家庭的归属感和爱，同时认识到家庭不仅是一个满足物质需求的地方，更是一个鼓励梦想和个人成长的温暖港湾。

通过这样的金钱教育，我们不仅仅教会孩子如何赚钱，还向他们展示了如何将金钱与个人价值观、努力和目标结合起来。在这个过程中，孩子不仅学会了如何对自己的梦想负责，还体会了计划和目标设定的重要性。他们的理财能力和决策能力在这样的实践中得到了锻炼和提高。

家长可以利用这个机会与孩子一起探讨家庭的价值观，讲述个人努力的故事，和孩子分享当他们自己实现梦想时的那份喜悦和满足感。这样的对话能够帮助孩子理解，在追求梦想的过程中，遇到困难和挑战是正常的，并教会他们如何面对和克服这些困难。

重要的是，这种教育方式帮助孩子建立了一种健康的金钱观念。他们学会了金钱是通过努力工作和为社会提供价值而获得的，而不是通过简单的要求或期待别人的施舍就能得到。这种观念的内化对孩子的长远发展至关重要，因为它是培养他们将来成为负责任、有生产力和有贡献的社会成员的基础。

最终，通过金钱教育，父母和孩子之间的关系将因为共同的努力和理解而变得更加牢固。孩子不仅仅学会了用劳动创造财富，还学会了如何珍惜努力赚来的每一分钱，如何规划和预算，以及如何为自己的未来制定明智的财务决策。通过这种方式，家庭成员之间的联系变得更加紧密，共同的价值观和目标也得以加强。孩子们的金钱教育不再是几句简单的教诲，而是一段充满爱、支持的旅程。

第三章
亲子正面财商
教育心法

在家庭教育的实践中，财商教育是亲子关系的重要组成部分。金钱不仅仅是交换的媒介，它也是一个能够揭示孩子内心世界和潜意识信号的教育工具。通过孩子对金钱的态度和行为，我们可以窥见他们的价值观、自信心以及对自我能力的看法。

假设 7 岁的小文非常想要一辆新的遥控车，他可能天天向父母表达："如果我没有那辆遥控车，我就不会快乐。"父母可以从以下几个方面理解和应对这种情况。

1. 物质渴望背后的梦想

父母可以和小文深入交谈，探询他对遥控车的兴趣是否关联到对驾驶或机械工程的梦想。也许小文对车辆的工作原理非常好奇，这辆遥控车对他来说不仅仅是一个玩具，而是实现他成为"小小发明家"梦想的一个前提。

2. 解决问题的能力

当小文说"没有这个，我就不可能快乐"时，父母可以引导他理解快乐不应该完全依赖于外部物品。他们可以一起探讨其他让小文快乐的方法，或者设定目标，教导小文如何通过自己的努力（比如通过做家务劳动赚零用钱）来获得想要的东西。

3. 自主性和创造价值

某一天，小文想到了通过帮邻居遛狗来赚钱，从而购买心仪的遥控车的办法。这不仅展示了他的自主性，也体现了他愿意为他人提供服务来创造价值。在与孩子交流的过程中，我们不仅可以发现他们物质需求背后重要的情感和心理线索，而且如果我们能够妥善利用这些信息，就能有效地辅助孩子的成长和发展。这就要求父母掌握一定的教育策略，或者说"亲子教育心法"，让金钱成为亲子沟通的桥梁，而不是障碍。

第一节　有效聆听：建立亲子沟通的桥梁

聆听不仅是沟通的基础，更是连接父母与孩子心灵的桥梁。在与孩子讨论金钱或生活中的事件时，充分聆听可以让我们深入理解孩子的内心世界。成年人在聆听孩子的话语时，可能会有自己的预设想法或同时分心处理其他事务，但如果我们能够全神贯注地聆听，就能加强亲子联系。

专注聆听包括几个关键的行为。

1.将所有让人分心的事物（如手机等）放到一边，确保注意力完全集中在孩子身上。

2.与孩子交流时，适当地蹲下或坐下，以确保双方的眼睛在同一水平线上，保持眼神接触。这种平等的视线交流更容易让孩子感到被重视和被理解。

3.让大脑保持接纳状态，不让自己的想法、批判或决断干扰聆听过程。这样，我们才能够真正理解孩子所传达的信息。

在孩子表达自己的过程中，我们可以将他们所说的内容分为三类：事实（实际发生的事件）、想法（孩子对事件的看法和解释）、情绪（孩子因事件而产生的感受）。通过区分这些内容，我们可以更准确地回应孩子，表明我们理解他们的经历，接受他们的观点，并且认同他们的情绪。这种接纳是建立有效联系的关键。

然而，在这个过程中，容易出现障碍。例如，我们可能急于给出建议、修正孩子的行为或否定他们的感受。这些回应，如"你太敏感了"，"你应该感恩"，或"告诉我你该怎么做才能解决问题"，如果在未充分理解和接纳孩子的情绪和想法之前就提出，可能会导致孩子不愿意与我们沟通。

以一个孩子因为春节不回老家而感到难过的例子来说，我们可以这样回应：首先确认事实——春节不回家，感到难过，是因为压岁钱减少了吗？然后询问孩子的想法，比如"压岁钱减少了，你是怎么想的？"如果孩子表示因此无法买到想要的东西，我们可以进一步探询他的情绪，"你现在感觉如何？"当孩子表达出不开心时，我们可以同情地回应，"我能感受到你的难过，这是因为你担心无法实现梦想吗？"通过这样的交流，我们已经与孩子建立了联系。

我们可能会有一些自己的想法，比如认为孩子不应该那样看待压岁钱，但如果我们能够不带批判地接受孩子的观点和情绪，就能更好地与孩子建立联系，并为后续的指导铺平道路。例如，我们可以引导孩子理解通过劳动赚取金钱的意义，而不是被动地等待压岁钱，从而给予他们更多的掌控感。同时，如果我们发现家庭环境与孩子的期望有差距，我们也可以调整财商教育的环境，帮助孩子找到更实际的解决方案。这样，问题就能得到更全面的解决。

第二节　同理心聆听

同理心聆听是指以一种全神贯注和理解的态度倾听他人的感受、需求和经历，试图从他人的角度去感受和理解他们所表达的情感和想法。同理心聆听不仅仅是简单地倾听对方说话，还要通过积极的沟通和非语言表达方式，表达对对方的关注和尊重，并尽力理解其内心世界。

在同理心聆听中，关键的元素包括以下四种。

1.全神贯注：将全部注意力集中在对方身上，摒除干扰和偏见，表达出对对方的兴趣和尊重。

2.非语言表达：运用肢体语言、面部表情和眼神等非语言表达方式，传达出对对方感受的理解和共鸣，体现对方的重要性。

3.倾听和反馈：积极倾听对方所说的话，并通过合适的方式进行回应和反馈，例如提出问题、澄清疑问或者简单地重述对方的观点，以确保正确理解。

4.共情理解：尝试从对方的角度去感受和理解他们的情感和经历，以建立情感共鸣和更深层次的联结。

同理心聆听的目的是建立一种支持性和理解性的沟通氛围，使对方感到被尊重和被理解。通过同理心聆听，人们可以增强彼此之间的情感联结，更好地相互理解和解决问题。

我们再来举一个例子，当孩子向父母表达想购买一件乐器时，父母可以运用同理心聆听的技巧来与孩子进行有效的沟通。

孩子："妈妈，我有一件乐器想买。"

父母（运用同理心聆听）："哦，你有一件想买的乐器啊。告诉我更多关于你想要的乐器的事情吧，我很想听听你的想法。"

孩子："我想学吉他，因为我喜欢音乐，我觉得吉他很酷，我希望能弹奏自己喜欢的歌曲。"

父母（表达理解和共鸣）："听起来你对音乐很热衷，想学吉他来弹奏你喜欢的歌曲。这是一个很棒的兴趣！你可以告诉我你对吉他的了解和你为什么觉得它很酷吗？"

孩子："我在学校的音乐课上看到同学弹吉他，觉得他们弹得很好听，我也想试试。而且，我喜欢吉他的声音和它的外观。"

父母（进一步探索）："听起来你对吉他的兴趣是从学校的音乐课开始的。你欣赏同学们弹吉他的技巧和它的声音。你觉得吉他的外观也很吸引你，对吗？你是否有了解过学习吉他需要的时间和努力呢？"

通过以上对话，父母以同理心聆听的方式与孩子进行了有效的沟通。他们展示了对孩子兴趣的关注和理解，并且进一步了解孩子的动机和想法。父母通过提问关于学习吉他所需的时间和努力，引导孩子考虑学习乐器所需的责任和精力。这种沟通方式不仅让孩子感到被尊重和被理解，而且帮助父母更好地了解孩子的兴趣和需求，促进双方的理解和达成共同决策。

第三节　换位思考：亲子沟通的重要桥梁

　　亲爱的家长们，让我们携手踏上一段充满共情力的旅程。这是一段需要我们暂时放下成人的角色，步入孩子世界的探索过程。我亲眼见证了，当家长过分执着于成熟和权威的视角时，与孩子的沟通可能会出现裂痕。为了真正地理解和引导我们的孩子，至关重要的一点是我们必须努力从他们的角度去洞察世界。

　　在育儿领域，换位思考并非可有可无，而是至关重要。这种思考方式有助于建立父母与孩子间的信任和亲密感，这是稳固家庭的基石。通过理解孩子的感受和需求，父母与孩子之间的关系将更加紧密。具有共情力的沟通为我们开启了一扇窗，使我们能够积极倾听和理解孩子的观点，从而引导我们更恰当、更有效地与孩子进行交流和解决问题。更重要的是，当我们换位思考时，我们不仅是在提升沟通效果，也是在做出更佳的决策。我们的指导和支持将更贴近孩子具体的境遇，培养他们的责任感和面对挑战的能力。父母这种共情的心态在培养孩子同情心和共情力方面至关重要，它使我们在教育过程中表达我们的爱、理解和支持，从而促进和提高孩子的情感成长和社会情绪能力。

　　通过共情思考，我们传递了家庭的价值观，引导孩子向积极的道德和伦理原则迈进，促进他们对生活价值的全面理解。

在育儿过程中缺乏共情这个能力会引发严重的问题。没有能力从孩子的角度思考，孩子可能会感到被误解和被忽视，这可能会导致亲子关系的紧张和疏远。沟通上的难题会阻碍有效的对话和问题解决，而以自我为中心的父母决策可能会导致不公平的结果和不适当的反应。缺乏共情力和支持会让孩子感到孤立和不被理解，影响他们的情感发展和自尊。最重要的是，如果父母缺乏共情力，就可能向孩子传递不恰当的价值观和道德观，使孩子在成长的道路上感到迷茫。因此，让我们承诺在与孩子的沟通中换位思考。这样做，我们不仅能培养出情感健康、心理成熟的下一代，我们自己也能在这个过程中学习成长。

记住，共情不仅仅是一项技能，也是一次深入我们孩子心灵和思想的探索。我们理解孩子，关爱孩子，并最终引导他们走向充满活力和成功的人生。

以下是父母锻炼换位思考的有效方法。

1. 回溯自己的童年

实施换位思考的最有效途径之一是回溯我们自己的童年，回想当时我们的思维模式和行为。想象自己在那个年龄时的梦想、恐惧和所做的决定。通过这种方式，我们不仅能够模拟孩子的思想过程，还能模仿他们的行为、动作和情绪，全面地进入他们所处的状态。要求孩子用成人的视角看问题是不现实的，因为他们的认知和经验尚未成熟。作为曾经的孩子，父母完全有能力调整自己的思维方式去理解孩子的视角。例如，一位母亲分享了她 14 岁的儿子期望购买一双限量版运动鞋的梦想，鞋的价格为 2000 元。这位母亲了解到儿子现有的运动鞋状况不佳后，便为他买了一双价值 800 多元的新运动鞋。这个举动可能会无意中减弱孩子对于原梦想的追求动力。

通过换位思考，我们不难发现，对于一个 14 岁的孩子来说，2000 元可能是半年的储蓄。在如此漫长的时间里坚持一个目标本就充满挑战，加上新鞋已经满足了他的基本需要，他自然可能会重新考虑是否还要追求原来的梦想。因此，能够预见这种情况，并且选择更有效的方法来支持孩子的成长，是换位思考所带来的优势。

2. 利用对方的视角

在日常生活中，我们可以通过观察身边的人，想象从对方的角度看到的景象来培养换位思考能力。例如，当我们和孩子在一起时，可以蹲下来，以孩子的视角来看世界。我们还可以利用手机拍摄不同角度的景物，进行训练。我特别喜欢的一个练习是从对方的视角写字。这是我在销售过程中培养出的绝技，即能够上下左右反转地写字。大家可以找一个伙伴，面对面地坐着，写下你的电话号码，再写下你的名字给对方看。通过不断从对方的视角看待事物，我们能够快速提升自己的换位思考能力。

3. 角色扮演

在我深入探索家庭和教育领域的过程中，角色扮演始终是我强烈推荐的一种方法。它如同一扇窗，让我们得以洞察他人的世界，理解他们的想法和情感。想象一下，当我们置身于别人的生活场景中，我们不仅仅是在模仿他们的行为，更是在体验他们的生活。这种贴近真实情感的体验能够激发我们的共情力，提升我们的情感理解能力。

角色扮演的魅力在于，它能让我们跳出自我，去感受他人的喜怒哀乐。当我们的孩子或者同事遇到困难时，我们能够通过角色扮演来更好地理解他们的挑战，并提供支持。这不仅仅是一种技巧，更是一种情感上的支援。此外，角色扮演搭建了一座沟通的桥梁，它让我们学会了如何倾听，如何理解行为背后的非言语信息。我们开始认识到沟通不只是字面上的交流，更是情感上的相互理解和共鸣。

总的来说，角色扮演为我们提供了一个锻炼换位思考的途径，它让我们从不同的角度审视问题，提升了我们的沟通技巧，加深了我们对他人情感的理解。通过这种方式，我们能够与他人建立更深的联系，在面对挑战时，有更多的解决方案，成为一个更完善的自我。

第四节　"坏小孩"的思维

在设计财商教育活动时，将"坏小孩"的心态纳入考虑范围是至关重要的。这里的"坏小孩"心态，指的是孩子的一些捣蛋行为，如寻找捷径、耍小聪明，或是犯下一些低级的错误。用这种心态进行设计，是因为孩子往往会有出人意料的思维方式，如果我们仅仅用成人的逻辑去设计教育活动，当孩子以不同的方式思考问题时，我们的计划可能就会失效。

利用"坏小孩"思维来设计活动规则可以帮助预防孩子利用漏洞进行投机取巧。以下是一些利用"坏小孩"思维进行活动设计的建议。

1.想象最糟糕的情况：设想孩子可能会尝试的各种不道德或投机的行为，并设立规则来预防这些行为的发生。考虑活动规则的各种可能性，并制定相应的限制和惩罚措施。

2.限制个人利益最大化：确保规则设计不会过于强调个人利益最大化，而是鼓励团队合作和共同获胜。通过奖励团队成功、惩罚个人投机行为等方式来促进合作与公平竞争。

3.设计反馈机制：针对活动中的不当行为，设立明确的反馈机制，以便及时发现和纠正。在第1个建议的基础上，及时为孩子提供教育性的反馈。

4.引入随机因素：通过引入随机因素，例如掷骰子或抽签，来减少孩子利用漏洞的机会。这样可以增加不可预测性，减少孩子依赖特定策略和利用漏洞的可能性。

5.考虑时间限制：设定财商活动规则的时间限制，以防止孩子有过多时间来寻找和利用漏洞。限制时间可以增加活动的紧迫感，减少孩子利用漏洞的可能性。

6.鼓励创造性解决方案：设计财商活动规则时，鼓励孩子提出创造性的解决方案，而不是仅仅依赖漏洞和投机行为。通过设置奖励机制来激励孩子寻找创新和合理的解决方法。

请注意，利用"坏小孩"思维的目的是预防不道德和投机的行为，而不是鼓励孩子成为"坏小孩"。在活动设计中，仍然需要保持教育性的目标，以培养孩子正确的道德观念和行为准则。

第五节　撒谎的不一定是坏小孩

回想我在小学四年级时的经历，大约八九岁的时候，我就开始有意识地撒谎，因为我的学习成绩不佳，我怕被家长责备，这种恐惧让我冒险伪造妈妈的签名。这表明即使在那么小的年纪，我就能够进行复杂的思考，并试图找到问题的解决办法，虽然想出来的办法不一定正确。这显示了孩子的聪明才智，只是需要正确的引导。

我们可以利用这个认知，在设计财商教育活动时，不仅要教会孩子金钱的价值和管理技巧，还要让他们了解撒谎和作弊等行为的后果。同时，我们应该提供相应的正面解决方案，帮助孩子理解其意义。虽然说谎可能使人暂时尝到甜头，但长期来看，诚实和正直才会带来更好的结果。

在小学三年级到五年级这段时间，我除了撒谎，还偷偷拿妈妈的钱去玩游戏。到了六年级，我意识到撒一个谎需要用更多的谎言去掩盖，这种恐惧和代价太大，我开始寻找不需要撒谎的解决方案。

在财商教育中，我们不仅要教授孩子金钱知识，还要陪伴他们经历生活中的这些"坏小孩"阶段。我的父母只用了短短三年时间就帮助我度过了这个阶段，这对我人生的改变有着深远影响。

如果你从未尝试从"坏小孩"的角度去思考孩子可能出现的问题，建议你与我们的学员交流，这将对你与孩子的亲子关系有极大的帮助。通过这种方式，我们不仅能够更好地设计财商教育活动，还能在孩子成长的过程中提供更有力的支持。

第六节　对练

在探讨亲子正面财商教育的核心原则时，我们提及了聆听、换位思考以及"坏小孩"思维的重要性，可以称之为亲子正面财商教育的内在"心法"。那么，将这些原则运用于实际的教育过程中，我们可以将对练比作我们的"功法"。对练在我们提倡的亲子正面财商教育中扮演着至关重要的角色。我们鼓励学员们通过相互练习来提升聆听和换位思考的技能。

当发生一些特定事件时，我们利用角色扮演的方法来实践换位思考，这帮助我们从不同角度来理解他人的感受和动机。在开发新的财商教育活动时，我们会邀请学员们进行对练，即合作探讨，共同以"坏小孩"的视角来测试活动的有效性。通过这种方式，我们能够预见并解决可能出现的问题，确保活动能够真正适应孩子们的需求。

对于大多数家长来说，教育孩子并不是一件容易的事，他们可能缺乏经验。如果只是凭想象来教育孩子，那孩子仿佛成了实验室中的小白鼠，他们的人生将被用来验证父母教育方法的成效。然而，通过实践对练的方法，我们将这个实验的过程转移到我们的学员身上，他们通过此过程做好充分的准备，并结合以往的实践经验，这样孩子就不再是实验室的试验品了。

我们希望每个孩子都不是实验的一部分，而是能够享受到父母通过学习和实践得来的教育成果，让他们在安全和充满爱的环境中健康成长。通过这种方式，我们不仅能促进亲子间的理解和沟通，同时也为孩子们的未来打下了坚实的基础。

在我们的线下课程中，有一个对练项目叫做"招聘大会"，这是给孩子们一个赚钱机会，是他们生命中从没有体验过的用劳动赚钱的重大转变仪式。这个"招聘大会"看起来很简单，就是通过一张"招聘广告"，让孩子们应聘"工作"，因此家长们都低估了这个活动的难度。在第一次对练时，很多学员换位思考到孩子的角度，都觉得工作是一件辛苦的事情，是父母不想做的事情，为了赚钱才不得不去工作。

然而，经过我们的对练，"招聘大会"变成了一个开心而隆重的仪式，主持人愉快地带动全家人一起去竞投"工作"，每一份"工作"都让孩子们感受到其背后的意义。这完全是一个快乐的家庭游戏。

对练已经成为我们亲子正面财商社群的一种文化，给孩子新"工作"要对练，谈"工资"要对练，与父母沟通要对练，与伴侣撒娇也要对练。这是一种非常好的文化，每个人都可以在帮助其他人的对练中增强自己对人的同理心和敏感度，未来面对类似情况时能更轻松从容地应对。

我发现经常练习的学员，现在都能准确地表达自己的想法，减少了人与人之间沟通上的误会，亲子关系也有了大幅提升。

第七节　成长中的复盘：从错误中学习

人类在犯错的过程中不断成长。在我们勇于探索和面对挑战的过程中，错误是难以避免的。然而，我要告诉你，错误是我们最好的老师，它让我们正视自己的不足，找到更好的路径，提升解决问题的能力。记住，成长始于自我认知。了解我们的局限，激发内在的潜力，这正是我们进步的动力。

在我的家庭教育理念中，我始终坚持允许孩子们犯错。因为这不仅仅是为了教会他们如何从失败中恢复，更是为了鼓励他们以创新的眼光看待世界。这就是为什么我相信，在财商教育中，允许孩子们在他们还年轻、风险较低的时候犯错是至关重要的。

财商是一项关键技能，但它并非一蹴而就的。我们通过实践，通过允许小的失败来培养孩子这种技能，以避免他们将来犯下更大的错误。因此，作为家长，我们不应害怕孩子在财务决策上的小失误，相反，我们应该欢迎这些失误，因为它们为孩子提供了学习和成长的机会。

让我们一起教导孩子们，把每一个错误都视为一次学习的机会。通过这种方式，我们不仅可以帮助他们建立财商知识体系，更重要的是，我们在教他们生活中最珍贵的一课——如何在不断变化的世界中站稳脚跟，如何在挑战和变化中成长和适应。这是比金钱更宝贵的财富。

作为父母，我们要引导孩子通过一个清晰的流程来达到这个目的。以下是有效复盘的四个步骤。

第一步：定义有效性

什么是有效？

确定有效的结果或目标是复盘过程的起点。这不仅关乎最终的成绩，也关乎设定的目标、期望的成果和对成功的定义。与孩子一起明确这些内容，确保他们了解成功的定义，并为他们提供明确的导向。这个步骤可以将复盘的视角对准目标，节省时间和精力，专注于有意义的目标追求。

第二步：识别无效性

什么是无效？

识别和理解无效的因素是向前迈进的关键一步。这一步骤涉及与孩子一起评估和分析那些未能帮助他们接近目标的决策或行动。这是一个学习过程，让孩子了解挑战，识别问题所在，并为未来的改进提供方向。我们需要让孩子明白，通过识别无效的行为，他们能够避免重蹈覆辙，从而取得进步。

第三步：吸取教训

在过程中学到什么？

回顾和总结来自成功的经验和失败的教训，是复盘的核心。这个环节帮助孩子从每一段经历中提炼出知识和策略，这些都将成为未来行动的宝贵指南。作为父母，我们的任务是帮助他们理解哪些行为奏效，哪些没有奏效，并鼓励他们思考如何在未来的类似情境中做得更好。

第四步：规划未来

如果再来一次会怎么做？

这一步是将从复盘中获得的知识转化为具体行动的过程。与孩子一起，思考如果再次遇到相同的情况，他们将如何采取不同的行动或策略。这个过程不仅涉及制订改进计划，而且关乎调整决策流程和尝试新的方法。这种前瞻性思维和计划对于孩子适应不断变化的情况并不断提升自身的能力至关重要。

通过这个清晰的复盘流程，我们不仅帮助孩子从经验中学习，更重要的是，我们在他们的心中播下了一颗成长的种子。这个过程培养了他们内省的习惯，让他们明白，无论是成功还是失败，每一次尝试都是向着他们的目标迈进的重要一步。

第八节　亲子正面财商同路人

打造财商教育的家长共同体是我们的孩子未来成功的关键。在这个快速变化的时代，作为家长，我们都希望孩子能够拥有合适的技能和资源，财商教育是其中至关重要的一部分，但是，在我们的教育体系中，它往往不被重视。

这样的教育理念往往并非大众所追随的，作为重视财商教育的家长，我们很容易感到孤立无援，我们的信念和决心受到考验。在这种时刻，一个同频的家长社群变得至关重要。一个积极的、支持性强的社群不仅仅为我们提供了一个分享和学习的平台，更重要的是它可以给予我们情感上的支持。在社群中，家长们可以分享他们的成功案例和遇到的挑战，寻找和提供解决方案，这样的互助是无价的。

如果没有这样的社群，我们可能会感到孤立无援。没有一个共同讨论和提供支持的平台，我们的财商教育之路可能会走得异常艰难。而且，缺乏资源分享可能会使得我们难以获取新的财商教育机会和理念，这在我们试图为孩子们提供最佳教育的过程中是一个巨大的障碍。

更糟糕的是，缺少社群意味着我们的孩子可能会错过与其他孩子交流和成长的宝贵机会。他们可能无法接触到其他同样重视财商教育的家庭，这限制了他们的社交范围和学习知识的可能性。而我们作为家长，在缺乏支持的情况下，可能会感到无助，甚至开始质疑我们的教育方法。

因此，让我们团结起来，共同建设这样一个社群。我们可以一起分享经验，彼此提供支持，为我们的孩子创造一个充满爱、智慧和互助的成长环境。让我们的团结成为他们成功的基石，让他们在理解金钱管理重要性的同时，能够与其他同龄人一起成长、互相激励。

在这样的社群中，孩子们的相互影响至关重要。他们可以共同学习财商，分享彼此的经验和教训。通过参与社群的活动和讨论，孩子们可以了解不同的视角和方法，从而更好地理解和掌握提高财商的技巧。此外，通过与其他孩子一起参与模拟真实的财务活动，如共同创业或投资，孩子们可以更好地体验金钱管理的挑战和乐趣，并从中学习到宝贵的实践经验。例如，孩子们可以参加跳蚤市场，通过销售自己制作的手工艺品或二手物品来赚取零花钱。在这个过程中，他们将学习如何设定价格、如何与顾客交流、如何管理现金流等重要的金钱管理技巧。

通过建立同频的家长社群，我们可以共享资源，提供支持，并为我们的孩子创造出一个更加美好的未来。我们诚挚地邀请你和你的家人一起加入我们的亲子正面财商社群。这是一个致力于培养孩子正面财商观念的平台。在这里，我们共同探索如何通过亲子正面财商教育，帮助孩子们增强信心，提高解决问题的能力，并激发他们的创造性思维。加入我们，一起为孩子打造一个更美好的未来。

　　你可以通过扫描封面后勒口的二维码加入社群，期待你的加入！

第四章
金钱从何而来？

在培养孩子的财商时，首先要解决的问题是让孩子理解金钱的来源。这是一项基础且重要的教育任务，因为它关系到孩子将来金钱观念的形成和价值观的建立，也是财商教育的开始。

第一种观念是"金钱从手机而来"。在当今社会，随着电子支付的普及，孩子们经常目睹父母在商店里只需轻触手机就能购物。这种现象可能会误导孩子，让他们认为金钱是以一种近乎神奇的方式从手机中"蹦出来"的。对于孩子们来说，手机就像是一个永不枯竭的金钱源泉。然而，这种认知让孩子忽略了父母为了赚取这些金钱所付出的辛勤工作。

让我们首先认识一个活泼、好奇心强的 5 岁小男孩，他叫小明。他生活在电子支付普及的现代社会中。有一天，小明在玩具店前停下，眼睛紧盯着一辆闪闪发光的小赛车，他渴望地拉着妈妈的袖子说："我想要那辆赛车。"妈妈微笑着拿出手机，几次轻触之后，那辆赛车就到了小明的手中。在小明的世界里，这仿佛是一个魔法：赛车似乎就是从手机中跳出来的。这就是"金钱从手机而来"的观念。

第二种观念是"金钱从父母口袋而来"。当孩子想要一件东西时，他们会向父母提出请求，父母从口袋里拿出现金支付。这种行为会使孩子认为金钱直接来自父母，而不是通过父母的工作和努力获得的。这种思维可能导致孩子认为满足需求的方式就是从父母那里直接获取金钱，而没有理解赚钱背后需要付出的劳动和智慧。

小华,一个 7 岁的小男孩。每次他想要新玩具时,他都知道需要去找爸爸妈妈"申请"。如果爸爸妈妈同意,他们就会从钱包里拿出现金或银行卡支付。对小华而言,金钱似乎是取之不尽的,只要父母愿意从他们的口袋里拿出来。这是"金钱从父母口袋而来"的观念。

第三种观念是"金钱从辛苦工作而来"。这是一种更加现实的教育方式,父母通过自己的言行让孩子明白金钱的获取需要付出劳动。例如,父母会告诉孩子:"这些钱是我们辛苦工作挣来的。"在这种教育方式下,孩子可能会认为只有通过艰苦的劳动才能获得金钱,而无法了解到工作可以是有趣的和富有成就感的。

丽丽,一个 6 岁的女孩。她的父母总是强调努力工作的重要性。当她问父母为什么不能经常出去吃饭时,父母会解释说:"我们需要节省开支,因为我们辛苦工作赚来的钱不是无限的。"丽丽逐渐明白,金钱是父母通过辛勤劳动所得。这是"金钱从辛苦工作而来"的观念。

我们需要引导孩子理解的第四种观念是"金钱从价值的创造而来"。这种观念是亲子正面财商教育的核心。我们应教育孩子,当他们有一个梦想时,应该思考如何通过自己的技能为他人解决问题或提供服务。这样,孩子不仅认识了创造价值的重要性,还会了解到金钱是对他们劳动和贡献的一种肯定和回报。

通过实践这一观念,孩子会学习到,实现梦想不应是通过简单的请求或依赖父母的支持，而是要通过自己的能力创造价值。孩子将认识到，金钱并不是轻易获得的，它是个人价值的体现。这种思维方式可以引导孩子尊重劳动，激发他们的创造力和独立性，并最终帮助他们在未来的生活中做出明智的财务决策。

进一步来说，这种财商教育不仅能帮助孩子树立正确的金钱观，还有助于他们发展出一种积极的工作观念，即工作不仅仅是为了赚钱，而是为了追求个人的理想。在培养孩子的正面财商过程中，带他们理解金钱的来源是至关重要的。这不仅关乎金钱本身，更关系到价值观的培养和未来的责任感。

有一个 8 岁的孩子叫小乐，他的父母用一个不同的方式来教育他。当小乐想要一个新的游戏道具时，父母没有立即购买，而是提供了一个机会。他们说："如果你帮助邻居清理草坪，可以赚一些钱。"小乐接受了挑战。他不仅赚到了足够的钱来购买游戏道具，还从邻居那里获得了称赞和更多的赚钱机会。小乐体会到了通过提供服务获得金钱的满足感。这是"金钱从价值的创造而来"的观念。

通过这些例子，我们可以看到不同的金钱观念如何影响孩子的行为和思维方式。教育孩子理解金钱是通过提供价值和服务来赚取的，在培养他们创造力和独立性的同时，帮助他们建立积极的金钱观和工作观。这种教育方式为孩子们的未来发展打下坚实的基础。

第一节 看得见，摸得着

当孩子开始接触金钱时，应该学习五感学习法。五感学习法是一种基于感官体验的学习方法，通过利用人体的五种感觉（视觉、听觉、触觉、嗅觉和味觉）来增强学习效果。该方法认为通过多种感官的参与，学习者可以更深入、更全面地理解和吸收知识，提高学习的效率和记忆力。

五感学习法的基本原理是利用感官的多样性来刺激大脑，增强对信息的处理能力和记忆。不同的感官输入可以带来更丰富的学习体验，激发学习者的兴趣和注意力，并帮助他们建立更强的神经连接。

以下是五感学习法中每种感官的学习方式。

1.视觉：通过视觉刺激，如观看图像、图表、幻灯片、视频等，学习者可以更好地理解概念、观察细节和图案，并形成图像记忆。视觉学习可以通过图像、颜色、形状等视觉元素来帮助记忆和理解。

2.听觉：通过听觉刺激，如听讲座、演讲、音频记录等，学习者可以通过听取信息来加深对知识的理解。听觉学习可以通过录音、音频指导等方式进行听觉输入，帮助学习者记忆和理解内容。

3.触觉：通过触觉刺激，如触摸实物、操作工具、参与实践活动等，学习者可以通过亲身体验和操作来加深对知识的理解和记忆。触觉学习可以通过实验、实地考察、手工制作等方式获得触觉体验，增强学习效果。

4.嗅觉：通过嗅觉刺激，如闻香味、气味等，学习者可以通过嗅觉记忆来加强对信息的记忆和理解。嗅觉学习可以通过将特定的气味与特定的内容相关联，以提供更强的记忆刺激。

5.味觉：通过味觉刺激，如品尝食物等，学习者可以通过味觉体验来加强对知识的联想和记忆。味觉学习可以通过在学习过程中与特定的味道相关联，以获得更加生动和个性化的学习体验。

通过结合这些感官刺激，学习者可以在学习过程中得到更丰富多样的体验，从而更好地理解和记忆所学内容。五感学习法的应用可以根据不同的学习任务和个体的喜好进行调整，以改善学习效果和提升学习体验。

现在请大家闭上眼睛。你能够想象金钱的形状吗？想象一下硬币落入玻璃罐的声音，想象纸币的气味，以及数纸币时手指上的触感。这些感官的刺激是否让你感觉到金钱的存在？这些声音和感觉是否能立即在我们的脑海中唤起金钱的概念？如果能，很好，这证明金钱一直存在于我们的潜意识之中。

非五感金钱体验会削弱一个孩子的金钱敏感度。让我们想象一个5岁小孩，当他闭上眼睛，他所想到的金钱形象可能是一部手机，金钱的声音可能是手机支付后收到信息的声音，金钱没有气味。对这个孩子来说，手机里的金钱和游戏里的金钱是相似的概念。在游戏中，金钱会被消耗，但随时都可以恢复，而且游戏中的金钱并不需要通过实际创造价值来获得。这样可能导致孩子对金钱的敏感度很低,进而严重影响他们对现实世界中金钱的规律和价值的理解。

以下是一些"看得见,摸得着"的金钱指引。

1.刻意使用现金消费。

2.在电子支付时代,准备更多零钱以应对商家没有零钱找的情况。

3.留意小区内可以使用现金的商店。

4.避免带小孩到只限电子支付的商店消费。

5.使用透明储蓄罐。

6.选择有模拟金钱的桌上游戏。

所以孩子金钱启蒙的重点之一是通过"看得见,摸得着"的金钱体验,让孩子亲身感受和参与金钱的实际使用,以建立对金钱价值和管理的基本理解。通过直接接触和实践,孩子们可以形成良好的金钱观念和财务技能,为他们未来的经济独立做好准备。

第二节 打造合适的财商教育环境

在孩子的财商教育之旅中,我们首先要确保的是孩子们能够真切地感受到金钱并非凭空产生的,而是基于真实世界中的价值创造。现在,我们的目标是为孩子们打造一个既能激发他们创造价值,又能确保他们健康成长的环境。这个环境至少应包含四大关键要素:安全、有报酬、力所能及和能被鼓励。

1. 安全

首先，关于安全，这涉及两个方面。就生理安全而言，我们需要确保给孩子安排的任务是在他们能力范围内的。比如，参与厨房的"工作"可能是一个很好的实践机会，但如果孩子还没有能力安全使用厨房刀具，我们可以让他们从基础的洗菜做起，这既安全，又能让他们参与其中。

另一方面，心理安全也需要重点考虑，特别是对于孩子们在金钱方面的启蒙。如果孩子受到挫折，或是被他人怀疑能力等，这都属于心理上的不安全感。这一点与后面所提到的"力所能及"是相关的。

我曾经目睹一个家长带着一个5岁的孩子参加跳蚤市场活动。这个孩子在市场上销售他自己制作的折纸手工艺品。当然，对于一个5岁的孩子来说，他的作品水平与他的年龄和能力相符。然而，在跳蚤市场中，有一个大约8岁的女孩坦诚地告诉这个孩子，他的作品很丑陋，根本不值得购买。在这件事情上，我们不能责怪这个8岁的女孩，因为她只是坦诚地表达了个人的感受。我们也不能期望一个8岁的孩子能够理解如何关心一个5岁孩子的能力和感受。跳蚤市场的环境显然不是我们所说的安全的环境，因为作为家长，我们无法控制消费者的反应。这个5岁的孩子听到这样的评价，可能会对自己的能力产生怀疑，甚至觉得赚钱是一件负面的事情。当一个孩子对金钱最初的感受是负面的，那么我们要改变他对金钱的观念将会付出很大的代价。

2. 有报酬

当孩子完成任务后，他们应该得到一定的经济回报，就是现金。这样能够立即强化他们对劳动价值的理解，让金钱和劳动成果之间建立直接的联系。

巴甫洛夫的条件作用实验，也被称为经典条件作用实验或巴甫洛夫的狗实验，是由科学家巴甫洛夫在 20 世纪初进行的一项重要研究。这个实验探索了条件作用的学习原理，揭示了人和动物行为中的条件反射现象。

在实验中，巴甫洛夫观察狗的消化过程，发现了一个引人注目的现象。他将一只狗放在实验室中，每当给狗提供食物时就摇铃。随着实验的进行，狗开始将食物与铃声关联在一起。最初，狗只对食物产生分泌唾液的反应，但经过多次食物和铃声的关联，狗在只听到铃声时也开始分泌唾液，即使没有给狗提供食物。

这个实验展示了条件作用的基本原理，即刺激的关联可以引发特定的学习和行为响应。铃声成为一个条件刺激，而唾液分泌则成为一个条件反应。这个实验在行为主义心理学的发展中起到了重要的奠基作用，推动了对学习、条件反射和行为响应的研究。

巴甫洛夫的条件作用实验不仅为心理学提供了重要的实证基础，也对人类行为和学习的理解产生了广泛的影响。它揭示了条件作用在人类认知和行为形成中的重要性，为进一步的研究和应用奠定了基础。这个实验对教育、训练和行为疗法等领域具有重要的意义，帮助人们更好地理解和引导行为改变。

在巴甫洛夫的实验中，通过将无条件刺激（食物）与条件刺激（铃声）重复关联，铃声最终成为一个引发条件反应（唾液分泌）的触发器。与之类似，当我们教孩子金钱观念时，将"工作"与直接获得金钱联系起来，可以形成条件作用。当孩子通过"工作"创造了价值后，立即给予其金钱作为回报，就可以帮助他们建立"工作"和金钱之间的关联。这种实践有助于孩子理解价值创造与金钱的直接联系。

通过立即给予金钱，孩子能够意识到他们的"工作"与金钱之间存在因果关系。这有助于培养孩子的价值观念，让他们明白金钱是通过付出努力和提供有价值的服务或产品而获得的。这种直接的奖励可以激发孩子的积极性和动力，使他们更加愿意参与"工作"和努力创造价值。

3. 力所能及

第3点是力所能及。这意味着分配给孩子的任务应该与他们的年龄和能力相匹配。例如，让3岁的孩子负责把垃圾扔进垃圾桶是一个他们能够轻松完成的任务，而让他们去清洗玻璃杯可能就不太合适，因为这增加了意外发生的可能性，而且如果玻璃杯破碎，不仅不安全，也可能导致孩子失去获得正面反馈的机会。

如果给孩子安排超出他们能力范围的任务，导致他们无法产生成果，可能会对他们的心理产生一些负面影响。这些影响可能包括：

（1）自尊心受损。孩子可能会感到挫败和自卑，因为他们无法完成被期望的任务或达到预期的水平。这可能使他们对自己的能力和价值产生怀疑。

（2）动机下降。连续的失败和无法达成目标可能会使孩子失去对任务的积极性和动力。他们可能开始觉得努力没有意义，因为他们无法看到自己的成果和进步。

（3）学习焦虑。过高的目标要求可能会导致孩子感到压力和焦虑。他们可能害怕失败和承受负面评价，导致他们对学习和尝试新事物感到恐惧。

（4）退缩行为。孩子可能采取回避或逃避的行为，以避免面对难以完成的任务。他们可能变得消极，对新的挑战和机会失去兴趣。

（5）持久性影响。持续的负面经验和心理影响可能会对孩子的自信心和学习态度产生长期的不利影响。他们可能会对未来的工作和学习机会持怀疑态度，甚至产生自我设限的想法。

因此，给孩子安排力所能及的任务非常重要。任务应该与他们的能力水平相匹配，以确保他们能够获得一定的成果和成功体验。同时，提供支持、鼓励和适当的反馈也是帮助孩子培养积极心态和适应能力的关键。

4. 能被鼓励

在我的教育哲学中，我特别重视的一个方面是"能被鼓励"。这不是一个简单的行为，而是一种深入的交流形式，一种能引导孩子们走向自我实现的力量。

　　想象一下这样的场景：孩子完成了一项任务，比如扫地。这个任务虽然看起来微不足道，却是孩子成长和学习责任感的重要一步。当他们把扫帚放下，望着干净的地板时，我们的反应至关重要。这是一个非常好的教育机会。我们应该走上前，用满是骄傲的眼神看着孩子，开口说："你看，你做到了！你的努力让我们的家焕然一新。我真的很感激你做了这件事。"这些话语中蕴含着的不仅仅是对行为的赞赏，而且传递了一个更深层次的信息：他们的努力是有价值的，他们的行动对家庭有着积极的影响。

　　这种鼓励的方式超越了简单的口头表扬，它触及心灵深处，帮助孩子建立起自我效能感。当孩子们明白自己的行为不只是完成了一项任务，还得到了家人的认可和感激，他们内心的自豪感和成就感便会油然而生。

　　作为父母和教育者，我们的任务是要不断地寻找机会，通过真诚和具体的反馈来帮孩子强化这种感觉。每一次的鼓励都像是在孩子的自信心之墙上加了一块砖，逐渐帮助他们建立起坚固的自尊和自我认同的城堡。

　　因此，让我们不忘这个最终的教育目标：通过不断的正面鼓励，培养孩子的独立性和提升自我价值感。当他们长大成人，他们会把这份自信和自尊带入社会，无论是处理金钱问题，还是面对生活的其他挑战，他们都能以健康的心态和坚定的步伐，勇敢地迎接每一个挑战。

　　在阿德勒的心理学中，表扬（praise）和鼓励（encouragement）是两个不同的概念和行为，它们在对待他人的方式和影响上有所区别。

表扬通常是指对他人行为或成就的肯定和赞扬。它大多是基于结果的,即当某人取得成功或达到目标时,给予他赞赏和奖励。表扬强调外部评价和认可,重点在于肯定个人的成果或表现。例如,当孩子考试得了高分时,家长可能会表扬他们的聪明才智。

鼓励则更加关注个人的努力、进步和积极性。它是一种积极的支持和激励,旨在增强个人的自信和动力。鼓励强调内在的价值和努力,而不仅仅是结果。它可以帮助他人建立积极的态度和信心,鼓励他们继续尝试和成长。例如,当孩子在学习中遇到困难时,家长可以给予鼓励,强调他们的坚持和努力,并提供支持和指导。

总的来说,表扬注重对结果的肯定和外部评价,而鼓励则关注个人的努力和积极性。鼓励更加注重个人内在的动机和成长,有利于培养自信心、积极心态和自我发展的能力。在实际应用中,结合表扬和鼓励,根据具体情况和个人需求给予适当的支持和认可,可以促进他人的积极发展和心理健康。

以下是一些建议,帮助家长在与孩子的相处中,更多地使用鼓励而非仅仅表扬,以激发孩子的内在动力和创造力。

(1)肯定细节。在孩子做得好时,进行具体的描述,比如:"你在画画时选择了这么多亮丽的颜色,它们真是让人感到快乐。"这样的表述比通常的"画得很漂亮"更能让孩子感受到你对他努力的认可。

(2)肯定努力。肯定孩子的努力比赞美他们的成果更有助于培养他们的毅力。比如，可以这么说："你在解决数学题时表现出的坚持令我印象深刻，即使题目非常棘手。"

（3）建设性的反馈。和孩子讨论他们的项目时，提供一些具体的改进建议，同时也不忘表扬他们已经取得的进步。比如，"你写的故事开头太精彩了，我迫不及待地想知道接下来会发生什么。"

（4）鼓励自主。孩子们需要感觉到他们的选择被尊重。比如，可以尝试这样说："我知道你可以做出很棒的决定来解决这个问题，你准备怎么做呢？"这样的问题既表明了你对他们能力的信任，又给了他们展示自主性的机会。

（5）正面的交流。我们的语言和行为都是传递爱和信任的工具。一个真诚的微笑，一句鼓励的话，一个温暖的拥抱，都能在孩子的心中播下自信的种子。

（6）公正和平衡。确保你的鼓励是公正且平衡的，避免在孩子们之间进行不必要的比较。不同的孩子有不同的才华和兴趣，我们要帮助他们认识到每个人都有自己的特别之处。

（7）持续的支持。在孩子的成长过程中，持续的鼓励是提升他们自信的关键。即使在失败和挑战面前，我们也要告诉他们："我知道这很困难，但我相信你有能力克服它。"

在给孩子灌输金钱知识时，真诚和个性化的鼓励是无价之宝。记住，每个孩子都是特别的，他们对鼓励的反应也各不相同。因此，我们的支持和鼓励必须是量身定制的，以便与每个孩子的个性和需求相匹配。

第三节　家务与有偿任务

在开始对孩子进行财商教育时，关键的第一步是让他们从内心深处明白：金钱的得来不是随意的，而是源于他们创造的价值。为此，我们需要为孩子们构筑一个既安全又有激励的环境，在这个环境中，他们可以通过自己的努力获得报酬，同时要完成的任务在他们的能力范围内。那么，在哪里可以找到这样一个理想的环境呢？正如你可能已经猜到的，家庭无疑是满足这些条件的最佳场所。在我们的学员中，最小的孩子从3岁起就开始在家中通过完成小任务来赚取自己的报酬。一个3岁的孩子显然无法在家庭之外找到有偿的任务，而且在家庭之外的环境中，任务的适宜性也较难得到保障。因此，没有比家更适合孩子们开始他们财商学习的地方了。

这里会出现一个常见的疑问，特别是对于那些刚刚开始接触亲子正面财商概念的家长来说，在家里的劳动，不就是家务活吗？给做家务活的孩子付钱，这合适吗？当然，家务活本质上不应该与薪酬挂钩。这似乎构成了一个悖论：家是最合适的实践场所，但做家务又不应发放"工资"。那么我们该如何解决这个问题？

1. 有偿任务可能带来的问题

在家庭教育中，教导孩子参与家务和理解家庭责任的重要性是至关重要的。然而，如果在孩子已经开始获得有偿任务报酬之后才引入家务，可能会导致一些负面影响。以下是一些可能出现的问题及其影响。

（1）金钱导向。当孩子做了有偿任务并开始赚取金钱时，他们可能会过于关注金钱，并将家务视为没有回报的任务。这可能导致他们不愿意或不情愿参与家务，因为他们认为劳动必须获得金钱回报。

（2）责任心减弱。如果孩子没有建立起参与家务的责任感，他们可能会缺乏对家务的重视和承担责任的意愿。他们可能倾向于将家务视为可选的任务，而不是他们作为家庭成员的责任的一部分。

（3）价值观的扭曲。将有偿任务引入家庭之后再引入家务，有可能导致孩子将金钱看得过于重要，而忽视其他重要品质，例如团队合作互助和共同承担责任。他们可能将金钱放在首位，而不是将家庭的和谐与合作放在重要位置。

（4）家庭关系紧张。家务是家庭成员共同参与的事情，它可以促进家庭成员之间的合作和团结。如果孩子在开始做有偿任务之后才被要求参与家务，可能会导致家庭关系紧张。其他家庭成员可能会感到不公平，而孩子可能会被指责。

在教育孩子时，我们应该注重培养他们的责任感和参与精神，尤其是参与家务。这样他们能够理解家庭责任的重要性，并愿意为家庭作出贡献。通过培养早期的家务习惯，我们可以帮助孩子树立正确的价值观和家庭责任意识，而不会将金钱放在首位。

2. 让孩子理解家庭责任和参与家务的意义

教导孩子参与家务并理解家庭责任的重要性是培养他们责任感和团队精神的关键。以下是一些方法，可以帮助你教导孩子将家务视为家庭责任和共同参与的事情。

（1）树立榜样。作为家长，你是孩子的首席榜样。表明你自己积极参与家务以及认真对待家庭责任的态度，孩子会从你身上学到很多，因此确保你自己主动参与和完成家务劳动。

（2）明确家庭责任。和孩子一起明确家庭中每个成员的责任，让他们意识到每个人都有参与家务的义务。创建一个家务分工表，将任务分配给每个成员，并确保每个人都有自己的责任区域。

（3）共同制定规则和期望。与孩子一起讨论并制定关于家务的规则和期望。让他们参与决策过程，以增加他们的参与感和责任感。确保规则和期望是合理和可行的，并根据孩子的年龄和能力进行调整。

（4）给予信任与自主性。给孩子适当的家务任务，并相信他们可以完成。鼓励他们承担起责任，让他们有自主管理和完成任务的机会。并且在需要时提供支持和指导。

（5）建立奖励机制。制定一个奖励机制，激励孩子积极参与家务。这可以是一个简单的奖励系统，例如奖励点数、星星或小礼物，以鼓励他们参与。

（6）培养团队精神。强调家庭的团队意识和合作精神。让孩子明白他们的参与对于家庭的和谐氛围至关重要。鼓励他们与家人互相帮助和支持，以共同解决问题。

（7）肯定和鼓励。及时认可孩子的努力和参与，并给予肯定和鼓励。让孩子知道他们的贡献是被重视和赞赏的，并且他们的努力对整个家庭有积极的影响。

通过这些方法，你可以帮助孩子理解家庭责任的重要性，并培养他们参与家务的习惯和责任感。关键是始终保持积极和支持的态度，并以身作则，与孩子一起建立有序而和谐的家庭环境。

3. 分清家里的有偿任务和家务

实际上，分清家里的有偿任务和家务很简单，我们可以运用一个简单的工具——"招聘广告"。家长们可以通过观察，发现孩子对哪些任务感兴趣、能胜任哪些任务，然后，家长可以在一张"招聘广告"上列出"招聘岗位""岗位要求""报酬"，营造一种正式的氛围。这样，"招聘广告"上列出的就是有偿任务，而未列出的自然成了家庭责任。家中的有偿任务应得到适当的报酬，而家庭责任则是每个成员都应无偿承担的。

在进行"家庭招聘大会"时，要记住几个要点：

（1）在启动这个活动之前，确保家庭中的每个成员都已经养成了分担家务的良好习惯。

（2）"招聘大会"应该是全家人共同参与的活动，而非仅仅让孩子参与，这是一个全面的教育过程。

（3）在举行"招聘大会"时，要营造一个愉悦、充满乐趣、活力四射的环境，家长和孩子可以在其中"竞标任务"。

（4）主持人应该准备充分，确保能够准确地展示每个"岗位"的价值。

（5）"岗位"应当是常态化的，因为只有通过持续劳动，在稳定的金钱流动中，孩子们才能真正体会财商的重要性。

让我们看一个案例。

当小艾的父母决定教导她关于金钱和价值的重要课程时，他们准备了一场特别的家庭活动——"家庭招聘大会"。

小艾，一个活泼的 8 岁女孩，总是对家里的小任务感到好奇。她的父母观察到这一点，决定将它作为一个学习机会。他们告诉小艾，他们会举办一场"招聘大会"，家庭成员可以选择他们想要的"工作岗位"，并为此获得一定的报酬。

在"家庭招聘大会"那天，客厅充满了期待和兴奋的气氛。"招聘海报"上列出的"岗位"不仅对孩子们开放，父母也加入了"竞标"的行列，这是一个全家共同参与的活动。

海报上面写着各种有趣的"岗位"名称，比如"宠物之友""绿植园丁"和"图书管理员"。每个"岗位"旁边都有详细的描述和预期的报酬。

小艾将目光锁定在"宠物之友"上，这个"岗位"的职责包括每天喂家中的小狗，带它散步，并确保它的水碗总是满的。报酬是每天 5 元钱。小艾兴奋地挥舞着她的手："我要报名做这个！"父母微笑着同意了，但同时强调这个"岗位"需要小艾的责任感和承诺。小艾点点头，表示理解。随后，他们签署了一份"合同"，在这份装饰着彩色边框和卡通图案的"合同"上，小艾骄傲地写下了自己的名字。

　　小艾的妈妈则表现出了对另一个"岗位""家庭美食家"的兴趣。这个"岗位"的职责包括每周尝试制作一种新的菜肴，并与全家分享。她宣布："我决定竞投'家庭美食家'，这样我们每周都能尝试不同的美味。"

　　小艾的爸爸也不甘落后，他挑战了"绿植园丁"的角色，负责维护家庭花园的美丽。他们每个人都有自己的"工作"，更重要的是，他们都在为家庭的幸福和舒适尽一份力。

　　父母的参与不仅让小艾感受到了支持和鼓励，也向她展示了团队精神和家庭责任感。每当父母完成他们的"工作"时，小艾会给予他们鼓励和称赞，父母对小艾也是如此。这样的相互鼓励和支持，让"家庭招聘大会"成为一个增进家庭成员关系的完美活动。

通过这个案例，我们看到了家庭成员如何通过共同的努力和参与，在家中创造一个充满乐趣、有利于学习和成长的环境。小艾不仅学习了关于金钱的课程，还体会到了家庭中每个人的角色和贡献的重要性。

第四节　有偿任务报酬的设计方法

在设计"招聘广告"时，确定"岗位"的报酬是一个至关重要的环节，这也是许多家长感到困惑的地方。每个家庭的经济状况不同，孩子们的消费习惯也千差万别。即便是同龄的孩子做同样的任务，所获得的报酬也可能大相径庭。换句话说，一个家庭的"招聘广告"报酬可能并不适用于另一个家庭。以下是一些设定有偿任务"招聘广告"报酬的基本原则。

1. 评估孩子管理金钱的能力

首先，我们需要评估孩子目前能够合理管理的钱的金额。比如，一个 5 岁的孩子刚开始学习如何管理金钱，他驾驭金钱的能力可能在 10 元到 30 元之间；而对那些生活在高消费家庭的孩子，这个数字可能会设置得更高一些。

评估一个孩子能够管理多少金钱需要考虑多个因素，包括孩子的年龄、成熟度、理解金钱的能力以及他们的责任感。下面是一些指导原则。

（1）年龄和成熟度。孩子的年龄是决定他们能够管理多少金钱的重要因素之一。较年幼的孩子可能只能管理少量的零花钱，而较年长的孩子则可以承担更多的责任。此外，也要考虑孩子的成熟度和自我控制能力，以确保他们能够明智地管理金钱。

（2）财商教育。评估孩子管理金钱的能力时，要考虑他们是否已经接受过一定程度的财商教育，他们是否了解金钱的价值和如何储蓄、消费、做出明智的购买决策。如果孩子还没有掌握这些基本概念，家长就需要先给予一定程度的指导和教育。

（3）责任感和自律程度。评估孩子管理金钱的能力时，要考虑他们的责任感和自律程度——孩子是否能够按照既定计划和目标管理他们的金钱，是否能够承担起购买所需物品的责任，并理解自己的决策会对财务状况产生什么影响。

（4）家庭经济情况。家庭的经济情况也是考虑孩子管理金钱的因素之一。家长可以根据家庭的经济能力和孩子的需要来确定适当的金钱额度。不要让孩子的金钱超过他们的所需，这样可以帮助他们更好地了解金钱的价值和管理金钱。

（5）逐步增加。开始时，可以给孩子一定数额的"工资"，并观察他们的管理能力。如果他们能够理智地管理金钱，并展示出良好的决策能力和责任感，就可以逐步增加他们的"工资"额度。

（6）最重要的是与孩子进行沟通和讨论。了解他们的想法和期望，鼓励他们设定目标，并帮助他们制订一个预算来管理他们的金钱。同时，也要提醒他们金钱的用途和限制，以及理解金钱的重要性和财务决策的后果。

2. 找出孩子的梦想

一旦我们估算出孩子可以自主支配的金钱数目,比如从 10 元起步,那么我们的下一步就是探索这 10 元背后孩子的大梦想。可以通过向孩子提出假设性的问题来引导他们,例如:"亲爱的,如果你现在有 10 元,在超市你想买些什么呢?"这个问题也可以用来检测孩子对金钱价值的敏感度。有些孩子可能从未仔细考虑过价格,所以当你问他们 10 元能买什么时,他们可能会指向一件 100 元的商品。如果是这样,请不要感到惊讶,这表示孩子对金钱的敏感度还不够高。这时,最好的做法是带他们去超市,让他们了解自己心仪的物品的价格,慢慢地理解那 10 元能够实现的梦想。

如果孩子说没有梦想怎么办?

要帮助孩子发现他们金钱背后的梦想并鼓励他们赚钱,以下是一些与孩子进行对话的建议。

(1)开放性提问。以开放的方式询问孩子他们未来的期望和梦想。例如:你希望自己成为什么样的人?你有没有任何特别想要的东西?这样的问题可以激发孩子思考并表达他们的欲望。

(2)探索兴趣。了解孩子的兴趣爱好和热情所在。询问他们最喜欢做的事情是什么,他们是否有特别想要的物品与之相关。例如,如果他们对音乐感兴趣,你可以问他们是否梦想拥有一种乐器或参加音乐课程。

（3）激发想象力。通过激发孩子的想象力来引导他们思考未来的可能性。提出一些关于理想生活的情景，让孩子描述自己希望拥有的东西、想做的事情和想成为的人。这样可以帮助他们思考金钱的作用以及如何通过赚钱实现自己的梦想。

（4）分享经历和故事。与孩子分享一些成功人士的故事，特别是那些通过努力工作和理财实现自己梦想的人。这些故事可以激励孩子并展示金钱与实现梦想之间的联系。

（5）鼓励设定目标。帮助孩子设定明确的目标，并讨论实现这些目标所需的资金。通过和孩子一起制订计划和预算，让他们明白赚钱对于实现梦想的重要性。

（6）提供实践机会。鼓励孩子尝试不同的活动，让他们有机会发现自己的热情所在。同时，提供一些赚钱的机会，例如让他们开展小型的创业项目。这样可以让他们体验努力工作和赚钱的过程，并更好地理解金钱的价值。

记住，每个孩子都是独特的，他们的梦想和动力也有所不同。与孩子保持开放、耐心的对话，并根据他们的兴趣和个性来引导和支持他们。

3. 实现梦想的有效时间

当我们确定了孩子拥有金钱后的目标之后，接下来要考虑的是孩子需要多久才能实现这个梦想。在初次尝试时，我建议让孩子能够通过有偿任务立即获得足够的金钱，然后直接去购买他们心仪的商品。这样，孩子就能将有偿任务和实现梦想直接联系起来。随着时间的推移，我们可以逐渐引导孩子学习存钱和推迟满足的概念,也许他们需要连续"工作"几天才能攒够实现梦想所需的 10 元。假设我们设定孩子每天的"工作"能挣 4 元,那么 3 天后他就能攒 12 元去实现他的梦想。在确定孩子每天能赚 4 元钱之后,我们的"招聘广告"便可以列出一项孩子能够轻松完成的任务,并将报酬设定为 4 元,每天限做一次。

如果孩子的梦想需要较长时间才能赚够钱去实现,可能会对他们产生一些负面影响。

(1) 沮丧和失去动力。长期的目标可能会让孩子感到沮丧和失去动力。如果他们意识到实现梦想需要很长时间,可能会觉得无法实现或者感到沮丧,从而放弃努力。

(2) 焦虑和不安。等待漫长的时间来实现梦想可能会给孩子带来焦虑和不安。他们可能会担心自己无法坚持下去,等赚够钱或者一段时间过去后,梦想已经改变。

(3) 忽视其他重要方面。孩子可能会过于专注于通过赚钱实现梦想,而忽视了其他重要的方面,例如学业、社交生活或家庭关系。过分追求物质梦想可能使他们忽视身边的重要事物。

(4) 压力和过度工作。为了赚够钱,孩子可能会面临压力和过度工作的情况。他们可能会牺牲掉休闲时间、学习时间或者社交时间,过度努力地追求金钱目标。

(5) 金钱观念扭曲。长期的金钱目标可能会使孩子产生不健康的金钱观念。他们可能会过分关注物质财富,将其视为幸福和成功的唯一标准,忽视了其他重要的东西。

家长要与孩子保持沟通，并提供支持和指导，适时调整有偿任务内容和报酬，提升孩子的能力，以确保他们在追求梦想的过程中保持平衡和健康的心态。

通过这个过程，希望家长们能更好地理解设定报酬的步骤。简而言之，我们需要了解孩子目前能够掌握多少金钱，并基于这个金额找到激励他们的梦想，接着根据我们想要培养孩子对财商的理解和时间管理能力的目标，来设计每项有偿任务的合理报酬。以最终目标为起点来反向设计，我们就能够制定出既适合孩子又能促进其财商成长的报酬。

小明是一个活泼好动的 6 岁男孩，他对世界充满了好奇心，有自己的梦想。他的爸爸想要教育他金钱管理和梦想实现的关联，于是，爸爸决定通过一个小实验来引导小明。

一天，爸爸坐下来与小明进行了一次特殊的对话。爸爸问："小明，你有没有什么特别想要的东西或者梦想呢？"

小明想了一下，眼睛亮晶晶的，说："爸爸，我想要一辆玩具火车！"

爸爸微笑着说："那是一个很棒的梦想！我们可以一起来实现它。但是，你知道吗？得到玩具火车是需要一些钱的。你知道这辆玩具火车要多少钱吗？"

小明回答道："爸爸，这辆火车要 20 元。"

爸爸说："小明，我觉得你已经很大了，可以学着赚取一些零花钱。明天我们举办一个'招聘大会'，到时我们一起找'工作'去实现梦想吧。"

小明听了非常兴奋，他立刻答应了爸爸，并表示自己会努力完成任务。

　　小明的爸爸按照 20 元的目标计算，如果要 5 天时间来完成任务，那么每天要赚 4 元，所以小明的爸爸和妈妈商讨之后，就在"招聘广告"上列出了一个小明现在力所能及的"工作岗位"——帮妈妈一起取快递和丢垃圾，每天完成后能够赚取 4 元的"工作收入"。

　　从那天开始，小明每天认真地完成自己的任务，在这 5 天中，小明开始逐渐理解金钱的价值和努力的意义。他看到自己每天的努力都有回报，而且每天的进展都让他更加接近自己的梦想。

　　最终，小明赚够了 20 元。他非常兴奋地拿着自己努力赚来的钱和爸爸一起去玩具店购买了心仪已久的玩具火车。当他拿到玩具火车时，他的脸上洋溢着无尽的喜悦和满足感。

　　从那以后，小明明白了金钱背后的努力和价值。他变得更加积极主动，不仅仅是为了赚钱，而是为了追求自己的梦想和目标。他开始有了更大的梦想，并制定了更长远的计划，以实现他的目标。

这个案例告诉我们，通过引导孩子管理金钱并实现他们的梦想，可以帮助他们树立正确的价值观、制定目标和努力工作。这将为他们的未来奠定坚实的基础，让他们明白梦想的实现需要付出努力和耐心。

4."额外工作"

在我们精心设计的"招聘广告"中，我们可以特别增设一些"额外工作"。这些"工作"是非强制性的，孩子们可以自主选择是否承担。如果孩子决定不做这些"额外工作"，那么父母也可以自行承担。引入这类"工作"的理由何在呢？当孩子急切希望实现一个成本较高的梦想时，他们可以挑选这些附加"工作"来快速积累所需的资金。通常，这些"额外工作"可能对孩子来说稍有挑战性，或者不那么受他们欢迎。由于孩子有选择权，所以这通常不会影响他们对于获得"收入"的热情。但当孩子决心实现一个更加宏伟的梦想时，这些"额外工作"便变得极其宝贵，因为它们提供了实现梦想所需的额外资金。

如果孩子没有"额外工作"可以选择，这可能会对他们的财商学习产生一些负面影响。

（1）缺乏自主决策能力。"额外工作"可以让孩子们学会自主选择和决策。通过挑选适合自己的"工作"来实现梦想，他们可以提高自己的决策能力和权衡利弊的能力。如果没有这样的机会，他们可能会失去锻炼这些关键技能的机会。

（2）缺乏金钱管理技巧。"额外工作"可以帮助孩子们学习如何管理自己的收入和支出。他们可以通过实践了解预算、储蓄和理财技巧。如果没有这些"额外工作"，孩子们可能不会有机会掌握这些重要的金钱管理技巧。

（3）依赖父母。如果没有"额外工作"作为选择，孩子们可能会更加依赖父母来获得所需的资金。这可能会导致他们缺乏独立性和自主性，无法学会自力更生和财务自主管理。

（4）限制梦想的实现。如果孩子们没有"额外工作"的机会来积累资金，他们可能会受到经济上的限制，无法实现一些成本较高的梦想。这可能会令他们感到沮丧和失望，无法充分挖掘他们的潜力和追求更大的目标。

在小艾的家庭"招聘广告"中，除了列出常规的"工作岗位"，父母还巧妙地加入了几项额外可选择的"工作"。这些"工作"的设置旨在为孩子提供额外赚取收入的机会，尤其当孩子有一个宏大的目标或梦想时，他们可以选择接受这些"工作"来加快实现梦想的步伐。

额外的"工作"包括整理家中的储藏室、建立家庭藏书目录等，这对孩子来说可能有些艰难，或者他们可能不太愿意做。这些"工作"的报酬相对较高，但也要求更多的努力和时间。

父母向小艾解释说，这些额外的"工作"是自愿选择的，如果她不想做，父母可以接手。这样的安排让小艾知道，她有权选择自己是否要为某个特别的愿望付出额外的努力。同时，这种方式也避免了在家庭中强制分配繁重任务给孩子，保持了孩子对"工作"和挣钱的积极态度。

　　不久后，小艾在商店看到了一款新的智能手表，价格远超她平时的零用钱。她立刻想到了家庭"招聘广告"中的"额外工作"，决定接下整理储藏室的任务。尽管这项工作可能需要她花费一个月的时间，整理出父母存放已久的物品，但是她知道完成后，她将得到足够的钱去购买智能手表。

　　这个"额外工作"选项不仅教会了小艾努力和奖赏之间的联系，还让她学会了衡量努力的价值和决定何时需要加倍努力以达到更高的目标。通过这个过程，小艾更加珍惜自己的劳动所得，并且懂得了为了实现更大的梦想，需要投入更多的时间和劳动。

第五节 报酬设定的两种模式

在家庭中实施财商教育时,关于有偿任务报酬的设定,我们可以选择两种不同的模式来匹配不同的教学目的。

1. 按时间计酬

首先是按时间来计酬的模式,例如,孩子进行 1 小时的家务劳动,可以得到 5 元的报酬。这种模式简单直接,易于孩子理解和计算。

这种模式的优点如下。

(1)简单明确。以时间计算收入可以让孩子们更容易理解和计算自己的收入。孩子可以通过简单地记录"工作"时间来计算自己的收入,这有助于他们理解时间和金钱之间的联系。

(2)培养工作价值观。以时间计算收入可以帮助孩子们理解工作的价值和努力的重要性。他们会意识到时间是有限的资源,工作时间有相应的经济价值。这有助于培养他们对工作的尊重和正确的价值观。

(3)提高时间管理能力。用时间计算收入,孩子们会更加注重时间管理。他们会学会如何合理安排时间,提高效率,以增加自己的收入。这对他们日后的生活和事业发展都是非常有益的。

这种模式的缺点如下。

（1）忽略"工作"质量。以时间计算收入可能会让孩子忽略"工作"的质量和成果。如果只关注"工作"时间而不考虑"工作"质量，孩子们可能会陷入仅仅追求数量而忽视质量的陷阱。这可能会导致他们忽略细节和缺乏精益求精的态度。

（2）缺乏激励因素。以时间计算收入可能会缺乏激励因素。孩子们可能只关注完成"工作"所需的时间，而忽视了提高工作质量和效率的动力。这可能导致他们缺乏成长和进步的动力。

（3）限制收入潜力。以工作时间计算收入可能会限制孩子们的收入潜力。有些任务可能需要更多的时间和努力，但报酬相对较低。这可能会阻碍孩子们追求更高报酬和更有挑战性的工作机会。

综上所述，以时间计酬的好处在于简单明确、有利于培养工作价值观和提高时间管理能力。然而，它也可能让孩子忽视"工作"质量、缺乏激励因素和限制收入潜力。

2. 按完成结果计酬

另一种模式是根据任务完成的结果来计酬。比如说，如果孩子选择整理客厅并保持其整洁和干净的任务，完成这项任务后，他们将获得 5 元的报酬。这种计酬方式的优势在于，如果孩子表现出高效率，例如他们在 10 分钟内就完成了任务，他们就会获得 5 元的报酬。这种结果导向的计酬模式对孩子的财商教育具有深远的影响，因为它教会孩子时间并非唯一的价值尺度。

当孩子们认识到通过提高"工作"效率或创新方式来完成任务，可以在更短的时间内获得相同甚至更多的报酬时，他们就学会了一个重要的商业原则：创造价值。他们开始思考如何优化流程、采用更高效的方法，或者找出更智能的解决方案来达到目标。这种思维模式鼓励孩子们发展出解决问题的能力、创新思维和提升个人效率的技能，这些都是未来的创业者、公司领导或高级管理人员所必须具备的素质。

这种模式的优点如下。

(1) 激励成果导向。按结果计算收入可以激励孩子们追求卓越和高质量的成果。他们会意识到"工作"的质量对于获得更高的报酬是至关重要的，这有助于培养孩子们追求卓越和自我激励的能力。

(2) 奖励高效率和创造力。按结果计算收入鼓励孩子们提高工作效率和发挥创造力。他们会明白通过更高效的工作方式和创新的解决方案可以提高自己的收入水平，这有助于培养他们的创造性思维和解决问题的能力。

(3) 探索多样化的机会。按结果计算收入可以鼓励孩子们尝试不同类型的任务和项目，以寻找回报更高的机会。他们可以根据自己的技能和兴趣选择项目，并努力实现出色的结果，这有助于增加他们的经验和发展多样化的技能。

这种模式的缺点如下。

(1) 不确定性。按结果计算收入可能会带来不确定性。孩子们在开始"工作"时可能无法准确预测自己的收入水平，这可能会给他们带来一定的压力和焦虑。

（2）需要明确评估标准。按结果计算收入要求明确的成果评估标准和衡量"工作"成果的方式。这可能需要孩子们具备一定的自我评估和反思能力，以确保公正和准确地计算自己的收入。

（3）不利于初学者。对于亲子正面财商初学者来说，设计按结果计算收入的"工作"可能会具有一定的挑战性。家长可能需要更多的时间和经验来引导孩子理解如何做出高质量的"工作"成果，并获得相应的回报。

因此，我们在设计家庭中的财商教育任务时，应当优先考虑基于成果的报酬模式。这样的方法不仅可以帮助孩子们理解金钱的价值，而且还能教会他们如何以更有效的方式工作，最终为他们将来在职业道路上取得成功奠定坚实的基础。通过这种方法，我们不仅向孩子传授了赚钱的技能，更重要的是，我们培养了孩子对"工作"价值的深刻理解，以及提高了他们实现个人目标的能力。

在繁忙的上海市，有一个聪明伶俐的 11 岁男孩，名叫阿浩。阿浩对即将到来的学校科学展览充满热情，他渴望制作一个精细的太阳系模型。然而，他口袋里的零花钱远远不足以购买制作模型所需的材料。观察到儿子的热忱和难处，阿浩的父母决定提供一个机会，让他赚取额外的钱，并通过这个过程教会他关于劳动价值的重要课程。

在一次温馨的家庭晚餐后，阿浩的父亲提出了两个选项：一是按小时计酬的清理阳台任务，每小时 10 元；另一项任务是整理家里的书房——如果将书房整理得井井有条,他就能一次性得到 100 元。阿浩的父亲强调,如果阿浩选择结果定价的"工作",那么他就有机会根据"工作"的成果而非时间来获得报酬。

阿浩决定接下书房整理的任务。他用了整个周末的时间来计划并执行。他首先将书籍分类收纳,然后创造性地用手工制作的标签来标记不同的阅读区域。他还利用家中的废旧材料,制作了一些简易的书架,将书房的空间利用最大化。

经过阿浩的巧手整理,书房不仅变得井井有条,而且每个角落都散发出学习的氛围。他没有简单地根据时间来索取报酬,而是以自己的智慧和劳动为家庭空间增添了实际价值。阿浩的母亲看到这个变化后,感到非常惊喜,她不仅支付了阿浩 100元的报酬,还额外奖励了他,因为他所做的超出了父母的预期。

这次经历让阿浩获得了一个宝贵的经验：基于成果的"工作"激励他以更高的标准来完成任务，并且这种"工作"方式让他更加注重效率和创造性。他学会了如何规划和执行一个项目，这不仅让他得到了购买模型材料的资金，而且还提升了他的自主性和问题解决能力。

阿浩的父母通过这种方式不仅支持了他的科学展览梦想，而且为他未来的成功播下了重要的种子。阿浩开始明白，无论是在学习还是在未来的工作中，成果往往比投入的时间更能决定一个人的价值。

第六节　家庭以外的财商实践环境

随着孩子渐渐步入成长的新阶段，他们为梦想筹集资金的需求自然也会日益增长。在这个关键时期，作为父母，我们应当密切关注孩子通过劳动所得的收入与实现梦想所需资金之间的平衡，并根据情况灵活调整。最初，可以将"工资"定为鼓励孩子"工作"的主要激励工具，随着孩子技能的不断精进和越发专业，我们可以逐步提高他们的"工资"水平。这时，我们也应该向孩子展示专业工作者对同类"工作"的高标准和质量要求，激发孩子追求卓越，以便他们能够获得更高层次的成果，获得更高的回报。

当然，如果孩子的梦想所需资金超出了家庭能够提供的范围，我们也不希望孩子仅靠长期在家中赚钱来满足需求，这时候可以考虑寻找家庭外的"工作"机会。在我们的亲子正面财商课程中，毕业的家长们会在互帮互助的社区中，为彼此的孩子安排适当的任务。

大家还记得在"打造合适的财商教育环境"那一节，有提到给孩子创造财商教育环境的 4 大要求吗? 就是安全、有报酬、力所能及和能被鼓励的环境。那是孩子在财商启蒙阶段所必须拥有的环境。等过了一段时间，我们可以观察到孩子已经对力所能及的"工作"没兴趣，就要交给他们有挑战性的"工作"。记住，所谓有挑战性的"工作"，是增加孩子的乐趣，而不是打击孩子的自信。

到了家庭以外"工作"的阶段，环境可以有所改变，新的"工作"环境应满足以下 4 个要求。

1. 安全而有挑战性

在我们的亲子正面财商毕业生中，当安排孩子到其他毕业生家里"工作"时，双方家长首先会进行讨论和对练，以确保这份"工作"对孩子的成长有更大的帮助。

在考虑具有挑战性的"工作"时，孩子的家长可以首先思考孩子目前需要提升的技能。例如，如果孩子需要提高英语能力，可以给予他们英语翻译或写作的"工作"机会。同样地，如果孩子需要提升数学能力，可以安排他们担任家庭会计的角色。然后，根据孩子的能力提升需求来设计"工作"内容，并由"招聘者"发布"招聘广告"。

为什么在自己家里给孩子提供提升能力的"工作"不合适呢？因为很多时候，提升能力的"工作"并不是孩子擅长的，甚至可能引起他们的抗拒。这可能会让孩子觉得父母有意安排自己不喜欢的"工作"，认为"工作"是一种苦差事，并丧失对"工作"的热情。

如果是在家庭之外的"工作"，孩子可以自由选择是否参与。当然，只有"工作"的报酬更具吸引力，这样才能让孩子接受这份"工作"。因此，一旦孩子的能力有所提升，这份"工作"可以随时中止，这样就不会让孩子不断要求父母提供高报酬，从而避免产生不良后果。此外，如果孩子在"工作"中的表现不好，"雇主"也有权"解雇"孩子。即使孩子因此产生情绪，也不会影响亲子之间的感情。

2. 有报酬，高要求

由于家庭以外的"工作"旨在为孩子提供获得高报酬的机会，因此"雇主"可以提高"工作"要求。报酬是根据"工作"结果计算的，也就是说，如果孩子未达到最初的"协议"要求，"雇主"可以不支付"工资"，直到孩子做好为止。因此，在"招聘"时，必须清楚说明对于"工作"成果的要求。最好的方法是让多位同学一起对练，并以孩子的角度思考，这些"工作"是否存在偷懒的空间？或者是否可能因为没有明确的结果要求而产生误解或矛盾？

同样地，对于孩子来说，这种高要求的"工作"，他们可能一开始不太适应。如果出现无法达到要求而不支付"工资"的情况，他人的教育通常比父母的教育更好。想象一下，如果孩子在家里撒娇或因此发脾气，因为亲子关系，父母可能不知道如何处理；但如果孩子在外面"工作"，父母就可以扮演理解孩子、安抚孩子情绪、理性分析并帮助孩子提升能力的角色。

3. 潜力所能及

可能以孩子目前的能力，尚不能满足一些"工作"的要求，但这些"工作"在其潜力范围内，孩子通过自身的努力是可以完成的。这需要孩子思考并解决"工作"中的困难，或者需要额外学习知识或技能来完成任务。在这个过程中，孩子可以锻炼解决问题的能力，通过书籍或网络找到解决方法，并通过反复尝试使自己熟练掌握相关技能，从而达到"工作"的要求。当孩子通过自己的创意、学习能力和问题解决能力为他人创造价值时，这种成就感是巨大的。当孩子成功完成任务时，千万不要忘记为他们庆祝。

4. 鼓励和指导

对孩子给予鼓励是非常重要的。然而，在经历了一段时间的正面鼓励，从"工作"中获取金钱后，孩子面临具有挑战性的"工作"时，不可能每一步都表现得非常出色。在孩子成长过程中，犯错误是不可避免的，而我们都知道人类是在改正错误中成长的。因此，如果我们接受别人的孩子到自己家"工作"，除了给予鼓励，我们还应以负责任的态度向孩子传达事实。也就是在尊重孩子的前提下，指出孩子"工作"中的不足之处，并学会在"工作"结束后与孩子一起复盘，让孩子不断得到提升。因此，作为拥有亲子正面财商背景的"雇主"，我们实际上是孩子成长过程中的导师，是既严厉又亲切的长辈。

12岁的小宇非常渴望得到一个全新的 iPad，其价格为4000元。小宇的父亲原本打算直接购买后送给他，但突然想到这是一个绝佳的教育机会，可以培养小宇的财商。

小宇的邻居蔡叔叔也是一位注重亲子财商教育的家长。小宇的父亲便与蔡叔叔商量，希望能趁这个机会教授小宇一项新技能。蔡叔叔家里有一面墙的书柜，里面大约有800本书，他需要人手将这些实体书转换成电子版本。具体工作包括切下书页、扫描成电子文件、记录书名和作者信息并分类，最后将这些信息上传到图书 App 中，以便日后能快速查阅。

鉴于图书量较大，预计小宇需要花费一个月的时间来完成这项任务，而且在登记资料时也需保持极高的准确性和细心程度。一旦小宇将所有图书处理完毕，他将得到4000元的报酬。实际上，其中的2000元是小宇的父亲出于对儿子的支持而额外提供的，而蔡叔叔支付了另外的2000元。

通过这个任务，小宇不仅学会了如何将实体书转换为电子版本这一新的技能，而且还培养了他的细心和耐心，这些都是宝贵的能力。他学到了如何准确地处理和管理数据，这些技能

对他未来无论是学业上还是职场上都将大有裨益。最重要的
是，小宇体会到了通过自己的辛勤劳动来赚取报酬的满足感，
这种体验对于塑造他对金钱的正确态度和理解"工作"价值尤
为重要。通过完成这项"工作"，小宇不仅获得了他渴望的
iPad，还拥有了一种自力更生和努力"工作"的态度。

　　在这个过程中，最关键的是这些家庭以外的"工作"机会
是由我们的亲子正面财商课程毕业生提供的，他们都深刻理解
为孩子们营造一个既安全又充满激励的财商实践环境的重要
性。在这样的环境中，适度的挑战可以促进孩子们在财商上的
成长，同时也能增强他们解决实际问题的能力。通过这种方
式，家长不仅帮助孩子们实现了他们的短期目标，而且在长远
的未来，培养了他们必要的生活技能和职业素养。

第七节 获取收入的四个阶段

提到理财，人们往往首先想到的是通过投资使金钱为我们工作——一种理想化的收入方式，这自然是我们所有人都向往的。但在孩子的财商培养过程中，我们应当注重循序渐进的原则。想象一下，我们谈论到钱生钱"时，至关重要的问题是初始资金从何而来。它是由父母赠予孩子用于投资，还是通过借贷获得？大家可能会感觉，这两种方式似乎都与正面的财商培养不太相符。

在我们的亲子正面财商教育体系中，我们注重培养孩子从零开始的能力，即便在面临挫折和困难时，也能够自力更生，重新站起来。这种对韧性和自立能力的培养，始于孩子对劳动的理解和参与。因此，孩子手中的第一笔资金应该是通过自己的劳动而非简单的金钱赠予获得的。这不仅是财商教育的起点，更是形成正确价值观的基石。

我曾见过一些家境优越的孩子，他们从小接受投资知识的熏陶，但缺乏从基层"工作"起步的经验。当这些孩子长大后，面对财务危机，他们往往无法像那些从底层一步一个脚印走上来的人那样轻松应对困境。因此，我设定了财商教育中赚钱的四个发展阶段，以确保孩子们能够逐步、稳固地建立自己的财务和职业基础。

1. 劳动创造收入

在第一阶段,我们的重点是教孩子通过实际的劳动创造价值并获得收入。在这个阶段,我们着重培养孩子的实际动手能力和生活技能。因此,我们可以从家庭的日常清洁、购买食材并烹饪、洗衣服、安全防护等方面开始。让我们想象一下,如果我们的孩子今天刚满 18 岁并准备独立生活,他是否具备足够的生活技能?还有哪些方面需要提升呢?

菲菲,一位 14 岁的女孩,她的家庭拥有几处民宿。为了培养她的工作技能和对不同职业的理解,她的家人让她参与民宿的日常清洁工作。菲菲的任务包括清理公共区域,她负责用吸尘器清理地毯,以及拖洗硬木或瓷砖地面;在厨房,她要清洁台面、煤气灶和微波炉,并整理餐具与厨具;卫生间的清洁也是她的责任,包括擦洗马桶、洗手台和淋浴间,并学会使用各种清洁剂去除污渍和细菌。另外,她还需在新租客入住前负责更换床单和整理客房家具。

通过这些工作,菲菲学到了许多宝贵的技能。她学会了通过定期清洁担负起责任,以及对自己的工作成果负责。她的时间管理技能也在这个过程中得到了锻炼,她必须在租客入住前完成所有的清洁任务。此外,团队合作的重要性也在与家人共同工作时体现了出来。菲菲还学会了尊重每一份劳动成果,意识到每个职业都对社会有贡献。

这样的实践经历不仅让菲菲意识到自己的劳动对他人的重要性,也为她将来进入职场提高了适应性和灵活性。她学会的

家务技能提升了她的自信心和独立性，为应对未来工作和生活中的挑战做好了准备。这些体验帮助菲菲形成了积极的工作态度和生活观念。

2. 产品增值并销售

在第二阶段，我们引导孩子通过增值再销售的方式来理解商品的价值。这种模式就像传统手工业一样，购买原材料，制造新产品，然后将其销售出去。在这个过程中，我们可以教导孩子计算成本，了解增值后可以获得的利润，非常重要的一点是销售策划，最终完成一个商业流程。

有一个充满好奇心的 10 岁男孩，名叫朗朗。他梦想拥有一款高级的机器人模型，但是它价格不菲。于是，朗朗的妈妈鼓励他通过自己的努力来实现这个梦想，并教给他第一课——

如何筹集资金。

朗朗决定通过烘焙并销售蛋糕来筹集资金。他和妈妈一起制订计划，列出了原材料的清单和预算。在超市里，朗朗仔细比较价格，寻找最优惠的购物方案，这让他学到了节省成本的重要性。

在家中的厨房，朗朗化身为烘焙师，精心制作每一块蛋糕。他知道，这些蛋糕不仅要口感上乘，外观也要能吸引顾客。通过这个过程，他学到了如何为产品增值。

当朗朗在小区门口摆起一个小摊子，用他真诚的微笑和热情的介绍吸引过往行人。他学习如何与顾客交流、如何推销自己的产品，这些技能都是他在这个摆摊的过程中逐渐掌握的。

每天摆摊结束后，朗朗都会仔细计算当天的收入和成本。在妈妈的帮助下，他了解了利润的概念，并且对于赚钱和花钱有了更清晰的认识。

经过 3 周的辛勤经营，朗朗终于攒够了买机器人模型的钱。当他终于拿到梦寐以求的机器人时，他不仅感到了成就的喜悦，更感受到了自己努力的价值。

3. 买卖赚差价

第三阶段，我们会带孩子深入真实的市场，如批发市场或二手市场，让他们亲身体验"买低卖高"的商业原则。孩子们将学习如何通过谈判获取更低的采购成本，并在合适的市场以更高的价格销售商品。在这个阶段，孩子们将体会到，利用行业经验增加交易差价，能够有效提升收入。

一位对汽车行业十分熟悉的爸爸决定利用暑假的时间，带孩子了解二手车交易的知识。他们一同前往二手车市场，寻找那些售价低于市场价值又有增值空间的车辆。在爸爸的指导下，孩子学会了如何通过观察车况、比较价格和熟练谈判来确定合适的购买价格。

购得二手车后，爸爸并不急于转卖，而是和孩子一起对车进行了细心的装饰和必要的改良，让车看起来更具吸引力。他们清洁了车内，打磨了车漆，甚至安装了一些时髦的配件来提升车的整体价值。

接着，爸爸展示了如何使用在线平台来吸引买家。他们一起拍摄了精美的照片，撰写了引人注目的广告文案。通过这些努力，仅仅 7 天后，他们就成功地将二手车以比购入价高出8000 元的价格卖出，实现了盈利。

4.“钱生钱”投资

最后，进入第四阶段，孩子们将开始学习投资的基本原理，包括房产投资和股票市场等更复杂的财务概念。在这个阶段，对孩子们的财商教育将向更高层次迈进，但我们始终强调，这一阶段必须建立在前三个阶段的坚实基础之上。匆忙进入投资领域，未经充分准备，容易使人受到贪婪和恐惧心理的影响，从而做出错误的财务决策。

当家长向我反映他们的孩子渴望通过"钱生钱"来实现收入增加时，我会深入了解孩子对"工作"的看法和态度。我常常发现，孩子之所以向往"钱生钱"的方式，大多是出于对日常劳动的回避，希望能够轻松获得所谓的"不劳而获"的收入。这一点非常重要，它揭示了孩子可能并未通过自己的劳动真正体会到创造价值的满足感、成就感和归属感。面对这种情况，我会建议家长带孩子回到财商教育的第一阶段，即从劳动中获取收入，以此帮助孩子重建对金钱的积极认识和正确态度。

至于每个阶段需要多长时间才能完成，这个问题并没有标准答案，它需要家长细致观察孩子的个人进步和对知识的掌握程度。我们是否可以看到孩子在每个阶段都展现出独立和成熟的迹象？为了促进家长和孩子们之间的交流与学习，我们建立了一个在线社群，这里汇聚了我们所有的学员，他们可以在这里分享经验、提出问题并获得答案。因此，我们鼓励读者加入我们的在线社群，分享彼此的经验，相互激励，一起享受这段引导孩子们学习财商的充实之旅。

第八节　财商教育之销售思维

销售技能对一个人的收入而言非常重要。首先，销售是直接创造收入的主要途径之一。无论是销售人员还是创业者，成功地销售产品或服务意味着能够吸引客户并实现交易，销售成绩也直接反映在个人的收入上。其次，销售能力可以帮助个人满足市场需求并在竞争中脱颖而出。了解市场需求并能够提供有价值的产品或服务，个人就能够增加销售机会和获得客户，进而提高收入。此外，通过良好的销售能力，个人可以实现经济独立和财务自由。销售的成功会带来更多的销售机会和交易，使个人能够更好地掌控自己的财务状况，积累财富。最后，销售技能不仅可以帮助个人在销售职位上取得成功，还为其他职业的发展提供更多的机会。具备销售能力的人通常更容易获得晋升机会和担任更高的职位，从而获得更高的薪酬和福利。综上所述，销售对个人收入的重要性不可忽视，它直接影响着经济状况、财务自由和职业发展，同时也促进个人的成长和自信心的提升。

1. 为什么要教孩子销售技能？

孩子在学习财商的过程中，可以从销售训练中提高以下技能。

（1）经济独立。理解销售可以获得收入可以帮助孩子认识到他们可以通过自己的努力和技能赚取钱财。这种经济独立的意识对于他们未来的职业发展和个人生活来说非常关键。

（2）商业意识。销售是商业运作中至关重要的一环。通过理解销售可以获得收入，孩子可以培养商业意识，了解产品或服务的价值以及如何将其推销给潜在客户。这种商业意识在孩子未来创业或就业时都将有所裨益。

（3）沟通和人际关系技巧。销售涉及与他人建立联系、进行谈判和有效沟通。通过学习销售，孩子可以提升自己的沟通技巧、学会倾听和理解客户需求，以及提高解决问题的能力。这些技能对于建立良好的人际关系和成功地与他人合作至关重要。

（4）目标设定和动力激励。理解销售可以获得收入可以帮助孩子明确目标，并为实现这些目标提供动力。他们可以设定销售目标，并努力提升自己的销售技巧以实现这些目标。这种目标设定和动力激励的能力对于个人成长和职业发展都是至关重要的。

2. 如何教孩子销售能力?

家长们可以通过以下步骤，教孩子销售能力。

（1）通过聆听和同理心，跟客户同频、建立联结。

在销售过程中，当你将聆听和同理心的技巧应用到与孩子的互动中，你将能够帮助孩子学习并培养多项宝贵的技能和品质。

首先，通过向孩子展示如何真正地聆听，我们可以教会他

117

们如何倾听和尊重他人的观点。这不仅增强了他们的社交能力，还能帮助他们在学校和日常生活中更好地与人交流。

其次，运用同理心向孩子表明，理解和关心他人的感受是重要的。这种情感认知的发展对于孩子的道德和情感成长至关重要，可以帮助他们成为更有同理心和包容心的人。

再次，通过观察家长如何在销售中提供定制化解决方案来满足不同客户的需求，孩子可以学会解决问题的技能。这不仅仅是寻找答案的能力，更是创造力和适应性的体现。

最后，孩子还会学到如何建立和维护长期关系。在家长的指导和示范下，他们会理解持续关注和跟进问题的重要性，这将帮助他们在未来建立稳固的友谊和职业关系。

总的来说，将聆听和同理心的原则融入与孩子的互动中，不仅能够帮助他们学习如何与他人建立深入的联系，还能教会他们重要的生活技能，这些技能将伴随他们成长，成为他们人生旅程中宝贵的资产。

（2）发现产品的价值大于价格。

要让客户发现产品的价值大于价格，关键在于展示产品的特点和优势，以及与竞争对手的对比情况。通过强调产品的高品质、卓越性能、创新功能或解决方案的独特性，可以让潜在客户认识到产品所带来的实际价值是符合他们需求的。同时，引用满意客户的反馈和成功案例，将实际的业务成果和效益与产品联系起来，进一步加强客户对产品的价值认知。此外，提供额外的增值服务、售后支持和保障措施，可以增加客户对产品的信心和满意度，从而提升产品的整体价值。最终，与潜在客户进行积极互动，了解他们的需求和期望，并根据他们的反馈不断改进产品，展示出对客户的关注和追求卓越的态度。通过综合展示产品的优势、满意客户的反馈和不断改进的姿态，你能够让客户认识到产品的价值远大于价格，从而激发他们的购买意愿。

（3）通过英雄之旅讲述使用产品后的效果。

通过英雄之旅的故事框架来讲述使用产品后的效果，可以有效地吸引和激发潜在客户的兴趣。以下是一个英雄之旅的故事框架，用来展示使用产品后的效果。

①引入主角。介绍主角，即你的潜在客户，描述他们在当前情境中面临的挑战和问题，让客户能够与主角产生共鸣，感受到故事的真实性和与自身的相关性。

②呈现机遇。描述产品作为解决方案的机遇。描绘产品的特点和优势，以及它能够带来的变革和机遇。强调产品的创新性和与众不同的价值。

③挑战与困难。描绘主角在获得机遇之前所面临的挑战和困难。描述主角对改变的犹豫和担忧，以及他们克服障碍的努力。

④获得产品。描述主角决定使用产品的转折点。描述他们如何克服恐惧或犹豫，选择使用产品，并描绘产品的使用过程和体验。

⑤效果与益处。强调使用产品后的效果和益处。描述主角在使用产品后解决问题、取得成功或实现目标的过程。通过具体的案例和数据展示产品的积极影响。

⑥转变与成长。描绘主角在使用产品过程中的转变和成长。描述他们如何从面临挑战的状态转变为克服困难的英雄，以及他们在这个过程中获得的新技能和信心。

⑦结局和启示。总结整个故事，强调产品的积极影响和价值，让潜在客户感受到他们也可以成为类似的英雄，通过使用产品取得成功。留下一个积极的启示，鼓励客户采取行动并体验产品的效果。

通过运用英雄之旅的故事框架，你可以将使用产品后的效果生动地呈现给潜在客户。这种故事性的表达方式能够激发客户的情感共鸣，并帮助他们理解产品对他们生活或业务的积极影响。

（4）异议处理。

教导孩子销售中的异议处理方法是培养他们综合素养和适应力的重要一环。通过教授他们处理异议的技巧和策略，我们不仅帮助他们在销售过程中更好地与他人交流和解决问题，还培养了他们的自信心和应变能力。孩子们学会倾听并理解对方的观点，学会通过适当的回应和解释来解决疑虑和误解，同时寻找共同点和提供切实可行的解决方案。这样的培养方式将使他们在日后的人际交往和职业发展中受益匪浅，使他们成为具有良好沟通和解决问题技巧的人。

（5）促进成交。

教导孩子在销售中促进成交是培养他们销售技巧和决策能力的重要一环。以下是一些方法，可以教导孩子在销售中促进成交。

①提供明确的购买建议。教导孩子在销售过程中提供明确

的购买建议。他们应该学会以积极的语气和肯定的态度，向顾客推荐购买产品或服务，并强调其价值和好处。

②强调紧迫性和独特性。教导孩子强调产品的紧迫性和独特性。他们应该学会突出产品的特点、功能和优势，以及购买产品的紧迫性和独特机会。这种强调可以激发顾客的购买欲望。

③解决顾客疑虑。教导孩子处理顾客的疑虑和异议。他们应该学会倾听和理解顾客的问题，并提供相关的信息和解释，以消除顾客的顾虑。通过提供客观的证据和案例，他们可以增加顾客对产品的信心，进而促成销售。

④提供灵活的选择。教导孩子提供灵活的购买选择，以满足不同顾客的需求和偏好。他们应该学会提供多种价格、套餐或付款方式的选择，让顾客感到有更多的自由和控制权。这可以提高顾客的购买意愿和满意度。

⑤处理拒绝和反对意见。教导孩子如何处理顾客的拒绝和反对意见。他们应该学会保持冷静，不要放弃或压力过大。教导他们提供进一步的解释和证据，消除顾客的疑虑，以及灵活调整销售策略。

⑥提供额外价值和奖励。教导孩子提供额外的价值和奖励，以促成销售。他们可以提供附加的产品或服务，例如提供赠品、延长保修期限、提供优惠折扣等，以提高顾客对购买行为的价值感和满意度。

⑦跟进和回访。教导孩子学会跟进和回访顾客。他们应该学会与顾客保持持续联系，提供售后支持和服务，并处理顾客的反馈和需求。这种关注可以增强顾客对产品和品牌的信任，

进而促进销售。

通过以上方法，你可以帮助孩子学会在销售中促进成交。这将培养他们的决策能力和销售技巧，使他们能够有效地引导顾客做出购买决策，并取得销售的成功。同时，这也将提高他们的自信心和人际交往能力，为未来的职业发展打下坚实的基础。

最后，父母在教导孩子销售方面起到关键的作用。首先，父母自身的态度对孩子的学习至关重要。如果父母对销售持有抗拒的态度，就很难教导孩子销售技巧。其次，在孩子的销售过程中，他们可能会面临多次拒绝和怀疑。因此，父母需要充当孩子的销售教练，不仅在技巧上指导他们如何操作，还要创造一个适合的环境，让孩子逐步成长。当孩子在销售过程中遇到负面经历时，父母需要具备足够的能力教导他们如何面对挫折和承受压力。这些技能是父母在教导孩子销售之前应该具备的。

第九节　好行为和好成绩是否应给予金钱奖励？

在家庭教育中，是否应对孩子的良好行为和优异成绩给予金钱奖励，这是许多家长经常会考虑的问题。确实，不少家长曾尝试用经济激励来促进孩子的正向行为和学业进步，但要深入探讨此问题，我们得回归赚钱的根本——价值创造。金钱的本质是作为价值交换的媒介。那么，我们所奖励的行为是否真正为他人创造了价值呢？毕竟，要想赚钱，就需要别人愿意从他们的口袋里掏钱给我们。

因此，在考虑是否要为孩子的好行为和好成绩提供金钱奖励时，我们可以观察在现实社会中是否存在因良好行为而得到金钱回报的情形，是否有岗位会因为某人的优异成绩而提供长期稳定的收入？有人会提到奖学金是学业上的好成绩的金钱回报，但我想提出一个问题：奖学金能提供多久？如果为了奖学金，一个人直到三十岁才开始步入社会，甚至对社会产生畏惧，继而选择留在学术领域，那么很明显，优异的学业成绩并不一定能在社会上转化为长期稳定的收入来源。

回到亲子正面财商教育的核心，如果我们以金钱奖励孩子的好成绩和良好行为，可能会误导他们，让他们认为只需努力学习和表现良好即可赚取金钱，而这种观念在现实社会中很可能不成立。因此，一个更为妥当的方法是激励孩子通过学习来提高解决问题的能力，思考如何将所学知识转化为创造价值的智慧，为他人提供服务和解决问题，从而赚取金钱。

李太太希望她的女儿小美提高英语水平，并决定以金钱作为奖励。李太太与小美约定：每当小美帮助她翻译一份英语商务邮件，李太太就给予小美一定的报酬。小美很快发现，为了赚取更多的钱，她需要提高翻译的速度和质量，这直接激励她更加专注于英语学习。

随着时间的推移，小美的英语水平显著提高，她开始接触更复杂的翻译工作，比如帮助李太太编写英文的市场营销材料。她不仅学会了如何更有效地使用英语，还学会了如何管理她赚到的钱。李太太帮助小美开设了一个储蓄账户，并教她如何规划预算和储蓄。

通过这个过程，小美不仅提升了个人英语能力，还学会了基本的财务管理知识。这个约定不仅增强了母女之间的互动，还为小美日后的成长奠定了坚实的基础。

欢迎大家加入我们的社群，里面有无数我们的学员发挥创意的赚钱活动案例。我们也期待你在社群里分享你和孩子的亲子财商故事，与我们共同成长。

第十节　发现和培养孩子的天赋和热情

天赋、热情、能力和经验是为孩子设计"工作"的重要因素。天赋是指一个人天生比别人更容易掌握某些事情的能力，可以是对某种技能或领域特别敏感或天赋异禀。热情是指一个人对某一事物或领域充满热爱和投入的态度，一旦投入其中就能忘记时间。能力是通过学习和训练获得的，是我们通过不断学习和练习所积累的技能。经验则是我们在过去成功和失败中所积累的知识和感悟。如果一个人对某件事情既有热情又有天赋，那么能力和经验都可以在后天不断积累；但如果一个人的天赋和热情并不在同一件事情上，那么我们应该如何取舍呢？

有人主张应该以天赋为先导，因为天生就可以做到的事情，很容易让人获得成就感，从而对这件事产生热情。如果天赋和热情是关于同一件事情，那么这样是非常好的。然而，如果天赋和热情并不在同一件事情上，一个人可能会因为天赋而持续从事自己并没有热情的事情，而忽视了真正热爱的事物。这可能使人感到束缚，因为想利用好自己的天赋，所以就要持续去做自己没有热情的事情。这样的生活是否是一个人所期望的呢？

相反，有人认为应该以热情为主导。如果一个人对某个领域有充分的热情，愿意投入时间和精力，那么他很可能会取得积极的成长。即使缺乏天赋，这种热情也可以让人不断精进，并在这个领域取得出色的成绩。如果一个人的热情和天赋是关于同一件事情，他就可能成为全世界前 3％ 的人；而如果一个人在某件事上只有天赋或只有热情，他也可以成为全世界前 20％ 的人。因此，人们更应该支持一个人在保持热情的过程中，去过好自己的生活。

举例来说，就我个人而言，我完全没有音乐天赋，也不擅长唱歌,但从 14 岁开始,我对中国笛子产生了浓厚的兴趣。我的热情让我能够将一个 5 秒钟的乐句重复吹奏几小时,每天练习 8 小时,这对我来说是一种享受。尽管我没有音乐天赋,但我最终也取得了中央音乐学院演奏文凭级的证书。在这个过程中,我经历了许多难关,这是有天赋的人所不能理解的。因此,我认为天赋并不应成为我们的局限。许多人用没有天赋来为自己找借口,我希望父母不要用孩子缺乏天赋来限制他们热情的发展。我们可以通过培养孩子对喜欢的事情的热情,帮助他们精进能力,无论他们的天赋如何。孩子对喜欢的事情热情而快乐地投入,这不正是我们在教育孩子时最希望看到的美好景象吗?

在孩子的成长过程中,我们不应只关注孩子的天赋,也应该重视培养他们的热情。因为只有热情才能让孩子在未来的道路上坚持不懈、持之以恒。热情是一种内驱力,能够让孩子积极面对生活的挑战,并为自己和社会创造更大的价值。

作为家长,我们总是希望能够发现并培养孩子的天赋和热情。这个过程不仅可以帮助孩子建立自信,还能够为他们的未来打下坚实的基础。

以下是一些帮助孩子发现他们独特天赋和热情的方法。

1. 观察和沟通。

8 岁的小艾米经常在家里自发地组织小型音乐会,她会用玩具乐器演奏,并要求家人做她的观众。这种表现可以被看作是对音乐有天赋的迹象。父母注意到这些行为,并与艾米进行对话,询问她为什么喜欢音乐,哪些部分让她感到快乐。

2.鼓励尝试多种活动。

鼓励孩子尝试各种活动非常重要。比如，12 岁的卫卫在参加学校的科学博览会后，对化学产生了浓厚的兴趣。他的父母注意到了他对这个领域的热情，并鼓励他进一步探索，比如参加更多的科学活动和竞赛。

3.专注于过程而非结果。

当 9 岁的莉莉参加绘画比赛没有获奖时，她的父母告诉她，最重要的是她享受了画画的过程，并从中学到了很多。这种态度帮助孩子理解：探索兴趣和发展天赋是一个持续的学习过程，而不仅仅是为了获得奖项。

4.提供必要资源。

当 10 岁的小汤表现出对编程的兴趣时，他的父母给他报名了编程课程，并为他购买了相关的学习材料，让他能够在家自己实践和探索。

5.培养自主学习能力。

7 岁的爱拉对恐龙极为着迷。她的父母鼓励她去图书馆寻找关于恐龙的书籍，自己阅读和学习。这不仅增加了她的知识，也提高了她的自主学习能力。

6.设置正面榜样。

父母可以通过自己的行为来激励孩子。例如，35 岁的浩然每天坚持健身，展现了对健康生活的热情，这鼓励了他的儿子也开始对体育活动感兴趣。每天早上，父子俩都会在公园里跑步。

7. 鼓励坚持。

13 岁的艾瑞克在学习钢琴的过程中遇到了困难，他的父母鼓励他坚持下去，并帮他找到了一位优秀的钢琴老师。艾瑞克的坚持最终帮助他战胜了挫折，进步显著。

8. 寻找导师。

11 岁的安娜对写作充满热情，她的母亲帮她联系了一位当地的作家，请这位作家当了安娜的导师，为安娜提供了宝贵的指导和灵感。

9. 保持鼓励。

始终保持鼓励是非常关键的。孩子的兴趣可能会变化，我们的支持应该是不变的。例如，一个孩子可能最初对绘画感兴趣，然后转向音乐，每次转变我们都应该提供同样的支持和资源。

通过这些步骤，我们不仅帮助孩子发现他们的天赋和热情，而且还在他们的内心种下了自尊、自律、合作和终身学习的种子。培育孩子的过程是复杂和多变的，但通过耐心、鼓励和不懈的支持，我们可以帮助他们成为自信且充满好奇心的个体，这些品质将伴随他们一生。

第五章
消费带来喜乐

接下来，我们将深入探讨"消费带来喜乐"的观念。消费确实能够带来快乐，因为它满足了我们的即时愿望，让我们能够用金钱来购买心仪的物品或服务。但是，这种快乐是有条件的，它要求我们的消费行为必须是有节制的。不加限制的购物习惯可能会导致负疚感、财务困难和消费主义的问题。为了避免这些负面后果，我会通过一系列的亲子活动来引导孩子们认识什么是理智消费。

第一节　金钱管理的开始

通过前面的学习和实践，现在孩子们已经能够通过为别人创造价值赚取金钱，这是一个理想的契机来引导他们学习金钱管理知识。在亲子正面财商教育的初级阶段，我们要向孩子传授一个重要的理财原则：将所得的金钱分为三个部分——消费、储蓄和分享。这不仅是理财的基础，也是培养财商的关键。

教导孩子管理金钱并将收入分为消费、储蓄和分享三个部分之所以重要，是因为这样可以帮助他们建立健康的财务习惯和价值观。

1.培养理性消费观念。将收入分一部分给消费部可以帮助孩子理解金钱的有限性和价值，以及理性消费的重要性。他们学会在消费时权衡，避免盲目消费和过度消费，从而培养出节制和理智的消费观念。

2.培养储蓄意识。将收入分一部分用来储蓄可以教导孩子学会存钱和规划未来。他们可以设定储蓄目标，将一部分收入用于储蓄，以便应对紧急情况、实现个人目标或为未来做准备。这种储蓄意识可以帮助他们建立财务安全感和提高长远规划能力。

3.培养分享与慈善观念。将收入分一部分去分享可以教导孩子关注他人和社会，并培养他们的慈善意识。他们可以选择将一部分收入用于回馈社会、帮助有需要的人或支持慈善事业。这种分享观念可以培养孩子的同理心、社会责任感和公益意识。

4.培养理财技能。通过教导孩子管理金钱，他们可以学习基本的理财技能，例如预算编制、记账、计算利息和规划投资等。这些技能将对他们未来的财务决策和经济独立性产生积极影响。

5.建立价值观与人生目标。金钱管理教育不仅仅是关于钱的管理，更是关于价值观和人生目标的培养。通过理解金钱的用途和影响，孩子可以思考自己的价值观、目标和优先事项，从而完善自己的人生规划和追求。

因此，教导子女管理金钱并将收入分为消费、储蓄和分享三个部分，可以帮助他们建立健康的财务观念，培养理财技能，并促使他们在财务决策和人生规划中做出明智的选择。

比如，小明通过劳动赚到了50元。按照我们的教导，他选择将这笔钱分为三部分：20元用于购买自己想买的书，这是消费；20元存入储蓄罐，作为暑假游学基金，这是储蓄；最后

10元捐给了动物保护组织，这就是分享。

第二节　体验钱花光了就没有了

让孩子亲身体验钱花光了就没有了，对他们的金钱观有以下重大影响。

1. 对金钱价值的认识。当孩子亲身经历钱花光后就没有了，他们能够深刻理解金钱的有限性和珍贵性。这种体验能够帮助他们明白金钱是通过工作和努力获得的，而不是无穷无尽的资源。他们会更加珍惜每一分钱，理解金钱背后的价值，并更加慎重地做出财务决策。

2. 花钱的责任感。当孩子自己能支配的钱花光后，他们会对责任感有所觉醒。他们会明白自己的消费选择对自己的财务状况负有责任，并意识到过度消费可能导致财务困境。这种责任感能够激发他们对财务管理的重视，学会控制消费和制定合理的预算。

3. 金钱管理技能的培养。钱花光后就没有了的情况，可以成为孩子学习金钱管理技能的契机。他们会意识到储蓄和理性消费的重要性，开始学习制定预算、节省开支和储蓄。这种经验能够培养他们的理财能力，为未来的财务独立奠定基础。

4. 价值观的塑造。当孩子体验了钱花光后就没有了，他们会开始思考金钱与生活的关系，以及自己对金钱的态度。这种经历可以帮助他们形成正确的金钱观念，明确金钱在生活中的作用，以及平衡金钱与快乐、满足和成就感之间的关系。

在教导孩子理解和管理金钱时，我们常面临的一大挑战是如何应对商场购物时孩子自主支配的金钱不足的问题。想象一下，一家人周末去商场，孩子看中了某件玩具，却发现自己随身携带的钱不够支付。此时，孩子可能会提出让父母直接帮忙买下心仪的玩具，或者向父母请求先借钱，承诺下次零用钱发放时还清。这是一个关键的教育时刻，父母需要坚定地向孩子表明，一旦钱花光了，就意味着消费的机会也随之消失，而且不应当养成借钱消费的习惯。

例如，小华在购物时发现自己存钱罐里的钱不够买他心仪的书，他请求妈妈先垫付，许诺下次零用钱到手就还。但妈妈决定采取另一种教育策略，她告诉小华："钱一旦用完了，就真的没有了。我们不会为了短暂满足你而借钱。如果你真的想要这本书，就得等攒够钱后再来买。"

让孩子攒够钱再购物这一做法尽管可能会给家长带来额外的麻烦，比如多花时间和交通费，但这是在进行一次至关重要的财商教育。这种做法可以让孩子明白，如果金钱管理不善，将引发更多麻烦和不便。这种教育成本是绝对值得花的。相反，如果你一次又一次地向孩子借钱，就会在不知不觉中让孩子养成依赖借债的坏习惯，而这种习惯很可能会伴随他们成长，成为他们成年后处理财务的方式。

我们现在看到许多年轻人在二十几岁时就背负了沉重的债务，甚至需要花费十年或更长的时间去偿还。在他们最宝贵的年华里，他们的收入大部分都用来还债，这无疑是一种悲剧。

因此，向孩子灌输"钱一旦花光了就没有了"的理念，是我们作为父母的重要责任。通过让孩子体验金钱的有限性，我们不仅可以帮助他们建立起对金钱的尊重感，还教会他们对未来的财务规划有一个更明智和更负责任的态度。

第三节　做预算和花预算

做预算是个人、家庭及企业都需要掌握的技能。学会做预算对孩子学习财商有以下好处。

1. 支出管理。预算可以帮助孩子管理他们的支出。通过制定预算，孩子可以清楚地知道每个月可支配的金额，并将其分配给不同的开支类别，如日常花费、娱乐、教育等。这有助于孩子更好地控制开支，避免无谓的浪费和过度消费。

2. 目标实现。预算帮助孩子设定和实现目标。通过设定预算，孩子可以确保他们在实现自己的目标时有足够的资金支持。无论是购买特定物品、储蓄一部分收入，还是为旅行存钱，预算可以帮助他们规划和分配资金，逐步实现目标。

3. 理财意识。预算培养孩子的理财意识。通过预算，他们不仅可以了解自己的支出情况，还能更好地掌握个人财务状况。预算可以帮助孩子学习如何管理和跟踪支出，了解收入和支出之间的关系，并开始思考如何合理利用和增加个人财富。

4. 财务责任感。预算培养孩子的财务责任感。通过学习预算制定，孩子会明白每一笔开支都是有限的资源，需要负责任地管理。他们在购物时会学会权衡，优先考虑必需品和有长期价值的物品，从而培养出理性消费和财务规划的能力。

5.长期规划。预算帮助孩子进行长期规划。通过制定预算，孩子学会考虑未来的财务需求和目标。他们可以为大型支出（如教育、房屋或投资）做长期储蓄计划，逐步实现更大的目标，并为未来的财务稳定打下基础。

最简单的预算启蒙，就是从每一次出门的时候，跟孩子讨论今天我们要进行什么消费开始。为了让孩子实际体验到金钱花光后可能带来的不便，家长可以精心策划一个活动，比如，计划一次家庭外出活动或者一次小型的购物之旅。在出发之前，家长应明确告知孩子当天的行程安排，包括将要去的地点、计划购买的物品，以及交通费、餐饮费和购物费的预算。例如，预计总支出为 200 元，可以将这笔钱交给孩子管理，让他们经手每一笔支出，感受钱包中的钱随着消费不断减少的实际情形。

与此同时，为了增加这个活动的教育效果，家长可以特意选择一个离家大约两公里远的商场。在逛商场的过程中，观察孩子是否能够意识到不必要的消费，并提醒家长避免冲动购物。如果孩子没有意识到并阻止家长过度消费，可能会出现一种情况：当钱花光了，你们就无法乘坐公共交通工具回家，只能步行回家。

这样的经历虽然辛苦，但对于孩子来说将是一次难忘的教训。当你们走在回家的路上，这是和孩子进行深入交流的好机会。回家后，家长应该和孩子一起讨论当日的经历，强调出门前做预算的重要性，以及实际上我们没有遵守预算的后果。这种讨论能够帮助孩子理解：如果没有按照预算消费，最终可能会陷入困境。通过这次经历，孩子将学会在下次外出时如何跟踪和记录消费，确保按照预算进行，以便消费真正成为愉悦的体验，而不是带来麻烦的源头。

第四节 学习分辨"需要"和"想要"

如果孩子没有分辨"需要"和"想要"的能力，可能会对他们的财务状况和财商学习产生负面影响。他们可能会陷入过度消费的陷阱，无法理性地区分真正的需求和额外的欲望，导致财务困难和资源浪费。同时，他们可能缺乏财务稳定性，甚至无法满足基本需求。最终，这种欲望驱动的消费观念可能会影响他们的幸福感和财务上的满足感，忽视其他重要的情感价值和快乐来源。因此，培养孩子分辨"需要"和"想要"的能力对于他们的财商学习和财务健康至关重要，能帮助他们做出明智的消费决策、设定合理的预算，并培养储蓄和投资习惯。

在教育孩子区分"需要"与"想要"时，常规的教学方法是将生存必需品归为"需要"，而将与生存无直接关联的消费项目视为"想要"。这种区分对于理性成熟的成人而言，通常是明晰且有效的，但对于心智尚未完全成熟的儿童和青少年来说，这样的划分标准常常显得模糊不清。

因此，我们可以从孩子的角度看待"需要"与"想要"。在物质充裕的社会背景下，许多孩子可能从未缺乏过基本生存所需。食物、供水、清洁和安全的环境等，对他们来说，似乎是理所当然的。特别是在大城市里，许多父母会尽力为孩子提供优越的生活条件。因此，孩子对于"生存所需"的感知可能十分模糊。作为家长，我们需要帮助孩子明确"需要"是什么，这一点可以从孩子愿意为某样物品付出多大的代价来衡量。

我们可以回顾多年前的一个案例，当时有新闻报道了一位十几岁的少年为了购买最新款的苹果智能手机，竟不惜卖掉自己的一个肾脏。这个极端的例子清楚地表明，对于那个孩子来说，苹果智能手机已经超越了普通的"想要"，他愿意为此付出极高的代价。所以，我们在界定"需要"和"想要"的标准时，应考虑孩子是否愿意为之付出很大的代价。

在新闻中，我们看到过一些青少年因为没找到合法的渠道去实现他们的梦想，受到负面影响而采取了极端的方式来获取金钱，包括贷款、盗窃，甚至出卖身体等非法行为。作为家长，我们必须在孩子选择通过不法途径获取金钱以满足他们的"想要"之前，通过亲子正面财商教育让他们认识到，他们完全有能力在合法的社会环境中创造价值并实现梦想。

我妻子在 16 岁时，她所在的学校组织学生们去少年教养所探望那些犯错的孩子。在一个访谈环节中，当一个少年被问及为什么会做出违法行为时，他回答说是因为自己没有其他选择，他想要的东西无法通过合法途径获得，因此他选择了违法的方式。他口中的"没有选择"正是关键所在，这意味着如果我们能为孩子提供足够的正面选项，他们就会清楚地知道违法行为是不可取的。我们的目标是为孩子们创造一个环境，他们在其中可以通过积极健康的方式来满足自己的"想要"，同时能够理解和满足自己真正的"需要"。

第五节　学会对自己的决定负责任

当孩子开始用自己创造的价值赚到钱时，他们也开始面临各种消费决策。父母自然希望参与其中，帮助孩子做出明智的选择。但有时候，孩子希望购买的物品在父母眼中可能并不值得。在孩子冲动消费后可能遗憾的情况下，不少父母会选择介入，影响或改变孩子的购买决策。

我在小学三年级时，迷上了当时流行的两款游戏机：任天堂的红白机和世嘉游戏机。同学们都在讨论任天堂的游戏，我自然也想要一台红白机。母亲并未反对，当她发现了我对游戏机的渴望，决定将其作为礼物送给我。出于成人的角度，她认为世嘉游戏机的性价比更高。即使我内心不满，母亲最终还是选择了世嘉游戏机。虽然现在我非常感激母亲的礼物，那时候的我却因为和同学们没有共同的游戏话题而感到被排斥。当时我内心对母亲产生了一种疏远感，因为这并不是我的选择，我在内心不自觉地将责任归咎于母亲。

而今，作为一名父亲，我深知孩子的购物决策应该由他们自己来做，他们也应该承担相应的后果。这是一种对承担责任的练习。作为家长，我们可以通过引导和陪伴，以及事后的总结来支持孩子的决策过程。当我们认为孩子所选的产品在质量或性价比上不理想时，我们应尊重孩子的决策，并帮助他们看到不同产品在价格、性能等方面的区别。即便孩子最终的选择并非我们所期望的，我们也应以支持的态度陪伴孩子，让他们坚持自己的决定。随着时间的推移，孩子可能会意识到家长当初的建议是正确的（当然，也可能是错误的），但最关键的是，我们可以和孩子一起总结这次经历。人类往往是通过犯错来学习成长的，允许孩子犯错是重要的教育过程，因为孩子的犯错成本相对较低。更为重要的是，我们能够陪伴孩子，帮助他们从错误中学习，以便他们在下一次面临金钱决策时做得更好。这就是成长的过程。

我们来看一个案例。当小杰开始靠自己的劳动赚钱时，他迫切地想要购买一款流行的积木玩具。他将自己赚来的钱攒了好几个月，他的目标是市面上款式最热门的积木玩具，而这款积木玩具恰好在他的朋友圈中非常流行。

一天，小杰兴奋地告诉父母他终于攒了足够的钱。他的父亲王先生看了看小杰心仪的积木玩具，内心有些犹豫，他认为这款积木玩具并不值那么高的价格，而且很快就会被更高级的型号所取代。王先生知道市场上有一款功能类似但价格更便宜的积木玩具，但他想到我曾分享过小时候因为拥有不同于同龄人的游戏机而感到被孤立的经历，他不希望小杰有同样的感受。

在商场里，王先生带着小杰比较了不同品牌的积木玩具。他指出了其他积木玩具的优点，包括价格更实惠、玩法更多样化，甚至还有一些附加功能。小杰听了父亲的话，开始犹豫，他很清楚这是一个重要的决定。

最终，小杰决定坚持自己的选择，并购买了他最初想要的积木玩具。王先生虽然内心有些犹豫，但他尊重了儿子的决定，陪同儿子去购买这款积木玩具。。

几周后，小杰发现他的积木玩具并没有想象中那么有趣。他的同学们的兴趣也已经转移到了另一款全新的积木玩具上，而他的积木玩具在同学们中已不再流行。小杰意识到他可能做了一个错误的消费决策，他感到非常懊悔。

王先生看到儿子失落的样子，坐下来和他一起讨论了这次经历。王先生说，即使决策有时候看似正确，但结果可能并不如预期。他鼓励小杰将这次经历视为一次学习机会，他们一起探讨了如何更好地评估需求与欲望，以及如何在未来做出更明智的消费决策。

小杰从这次经历中学到了宝贵的一课。他开始更加深思熟虑地对待金钱和消费，认识到即使他可以独立做出决定，但每个选择都有其后果。对王先生而言，虽然他希望保护儿子，但他也知道小杰需要这样的经历来成长和学习如何更好地管理自己的金钱。这次经历不仅加强了父子间的沟通，也为小杰日后的财商发展奠定了坚实的基础。

第六节　机会成本

当一个人学会了机会成本这个概念，这对他的人生将有很大的帮助。了解机会成本意味着人们开始更加深入地思考决策，权衡不同选择的利弊，并考虑到放弃某种选择后的潜在收益。这种思维方式使人们能够做出更明智的选择。同时，机会成本的概念也有助于资源的优化。人们开始更好地管理和分配有限的时间、金钱和精力，以获得最大的回报。这种优化思维可以帮助人们在个人生活和职业生涯中实现更高的成就。此外，机会成本的概念还促使人们进行长远规划。他们会考虑每个决策的长期影响，并为自己的未来制定目标。这种长远规划有助于获得持续的成功和财务稳定。总之，掌握机会成本的概念可以提高人们的决策水平、资源管理能力和长远规划能力，对个人的成就和人生满意度产生积极而持久的影响。

教育孩子理解机会成本是一项重要的财商教育内容。当孩子设定了一个购买目标并为之存钱时，他们可能会面临多种选择和诱惑。例如，假设小明一直梦想着购买一台新的游戏机，并且为此努力存钱。某天，当他和父母一起逛商场时，他看到了一个吸引他的新款遥控车，便问道："我可以买这辆遥控车吗？"这就为父母提供了一个绝佳的时机来讲解机会成本的概念。

假如我是小明的父亲，我会这样对小明说："当然可以，这辆遥控车看起来非常酷。但在此之前，想想看，如果你用存下来的钱去买这辆遥控车，那么你原本想要的游戏机可能就需要再等一段时间。如果你认为值得，你当然可以购买。"这时候，小明会深思熟虑。因为他正为实现购买游戏机的梦想而努力，如果他选择现在购买遥控车，机会成本就是推迟实现梦想的时间。经过思考，小明可能会决定放弃遥控车，坚定地说："我想我还是要坚持原计划，先攒钱买游戏机。"

通过这样的实际情境教学，孩子不仅学会了权衡不同选择之间的成本和收益，也培养了长期规划和目标设定的能力。父母的引导帮助孩子认识到，每一次消费决策都可能影响他们达成重要目标的时间。这种教育方法有助于孩子将机会成本的理论应用到实际生活中，学会在满足即时欲望和追求长期目标之间做出明智的选择。随着时间的积累，孩子在面对诱惑时将变得更加自律，这对于他们未来的财务决策和生活规划将是一笔宝贵的财富。

第七节　家庭消费规则

　　确立家庭消费规则是家庭财务管理的重要组成部分。家庭消费规则通常涉及金额和时间两个方面。在我未结婚前，我赚的钱完全由自己支配，消费决定也由我一个人做出。然而，结婚后的生活需要更多的协调和沟通。我记得有一次，我参加了一个培训课程，当时的我非常热衷于学习各种各样的课程，并被老师的分享打动，认为通过学习能够轻松创造出数百万元的收入。这对于刚结婚不久，希望为家庭创造更好环境的我而言，显得非常有吸引力。因此，我当场支付了 98000 元的课程费用。那晚，我兴高采烈地给我的妻子打电话，告诉她我遇到了一位杰出的老师，并且成了他的学生，相信我们的生活会因此而提升到新的水平。我怎样被老师的话语所吸引，就怎样向妻子描述了一番。然而，当我告诉她课程的费用后，虽然我看不到她的脸色，但从她的语气中，我可以感觉到她的不悦。原来，我们刚结婚，有不少开支，妻子本打算用这笔钱去蜜月旅行，而我却在一个培训课程上花掉了。显然，我们都希望为家庭打造更好的未来，但由于家庭消费没有明确规定，这就很容易造成矛盾。自那以后，我的妻子立下了家规：5000 元以下的课程我可以自行决定报名；超过 5000 元的课程则必须先与她商量。这些钱终究是夫妻共同的财产，同时我们约定了一个冷静期，以避免冲动消费。如今，妻子非常支持我学习那些费用高达 10 万元以上的课程，因为她知道我每学完一个课程，就会有新的技能，从而能够赚更多的钱回来，投资回报非常高。也就是说，如果我们的消费能够带来更多收入，则没有人会反对你的消费。问题在于，如果我们消费后，钱就回不来了，就得用更多的时间去赚钱，这是我们想要避免的。

在引导孩子的消费行为时，我们也应该设置类似的家规。比如，对于 10 岁的孩子而言，50 元以下的消费他们可以自主决定，超过 50 元的消费则需要先与父母商讨。虽然我们提倡让孩子自主决策并承担后果，但设置消费门槛可以让我们有机会了解孩子的消费习惯并进行适当的引导。更重要的是，如果他们购买的物品对他们不利，我们可以从健康、法律或投资的角度与孩子探讨，以促进他们的成长。此外，对于较大额度的消费，我们可以设定一个冷静期，比如要求孩子在购买超过 1000 元的物品前，等待至少 48 小时，这样的规则旨在训练孩子不要冲动消费，让他们更清晰地了解自己真正的需求。

在陈家，金钱不仅是交换的媒介，更是教育孩子的工具。陈家有一套关于金钱的家规，它像是一盏明灯，指引着孩子们学会理财。其中一条家规是：50 元以下的消费，孩子可以自主决定；超过这个金额，就得向父母申请；而对于 1000 元以上的大笔开支，则需要经过至少 48 小时的冷静期后再做决定。

小浩是家中的小天文学家，12 岁的他对宇宙充满好奇。他的房间里是天文书籍的海洋，墙上贴着的星座图像是他的夜空。每当夜幕降临，他都会遥望星空，想象着无数的可能性。某日，小浩在街头的一家店铺前停下了脚步，他的目光被广告牌上的一则信息牢牢吸引：一台原价 5000 元的专业天文望远镜打 5 折销售，仅需 2500 元，优惠活动只限七天。小浩心里一阵挣扎。这台望远镜对于他来说，就如同遥远星系的信号，呼唤着他去探索未知。但他立刻想到了家里的金钱家规，这笔钱远超他可以自主决定的范围。带着矛盾和期待，他回家向父母提出了购买的申请。

48 小时的冷静期开始了。在这期间，小浩不仅仅是等待，他开始计划如何使用望远镜，预想着通过它能看见的星空景象。他也开始思考这笔钱的价值，这些钱原本是他为了半年后的一次特别的天文营活动而储蓄的。他试图衡量望远镜带来的即时满足与未来活动经历之间的价值。

当 48 小时过去，小浩的心意已决。他对父母详细说明了自己的考虑。首先，这个价格对于这样一台望远镜来说是非常合理的，是一次难得的机会。其次，拥有它将使他能够更清晰地观察星空，进一步培养他的兴趣并扩展他的知识面。父母听后，对小浩的成熟思考表示欣慰，他们决定支持他的决定。

在这次经历中，小浩学到了许多关于财商的重要知识。他学会了衡量消费的迫切性与价值，学会了如何计划和对消费项目排序。他学会了耐心等待，并在做出消费决定时，考虑到了长期的益处与短期的满足。最重要的是，他学会了即使面对巨大的诱惑，也要坚守原则，进行谨慎评估。这不仅是一项关于是否购买望远镜的决定，也是一次关于如何对待金钱、如何平衡即时满足与长期目标的深刻财商教育。

金钱家规可以帮助孩子更好地训练财商思维。这些规则像

是一个训练营，让孩子们在安全的环境中学习金钱管理，并为未来独立做出财务决策打下基础。通过这样的学习，小浩和像他一样的孩子们，将能够更好地在复杂的经济宇宙中探索，不仅追求他们的梦想，还能智慧地管理他们的金钱星球。

第八节　谈判

在我们这个时代，商品标价通常是固定的，人们往往默认价格不可谈判，而这种趋势逐渐削弱了人们的议价技能。我自己也是这样的一位消费者，总感觉讲价有些不好意思，担心为了几块钱的差价而讨价还价显得小气。我在 20 岁的时候，看着妈妈熟练地讲价，虽然经常能够省下不少钱，但我总感觉这样做有些丢面子。

然而，我的观念在一次和一个富有客户购物时发生了变化。这位客户是那种即使购买几十万元的手表也不会眨眼的人，但他购买几元的物品时同样会尝试讲价。一次晚餐后，我出于好奇，问他为何如此，他耐心地向我解释："小林，你可能不太明白，谈判是一种需要不断锻炼的技能。在我们的生意中，一次成功的谈判可能节省数千万元。如果你在日常生活中连几十元钱都不愿意或不敢去谈，那么面对数百万元乃至数亿元的大交易时，你怎能拥有这种能力呢？"他的话让我恍然大悟，我意识到自己与他之间财富差距的部分原因。通过谈判节省下来的每一分钱，实际上都是额外的收益。

他还强调，谈判时应寻求双赢，即在我们试图节省开支的同时，也要考虑到对方的利益。这让我回想起父母一直以身作则，传授给我的财富美德。我深刻认识到，这种美德不仅关乎金钱的节省，更体现了商业智慧和人际交往的艺术。从那以后，我开始积极练习和提高自己的谈判能力，也明白了要在讲价时保持尊重和公正，努力实现交易双方的共赢。

这次经历不仅改变了我对讲价的看法，更让我深刻理解了父母一直强调的价值观。我决心将这种对谈判的尊重和合理的讲价态度传递给下一代，让这个美德在我家族中世代相传，成为我们共同的财富。

在一个阳光明媚的午后，11岁的小明坐在爸爸的书房里，脚丫子踢着实木地板，他的脑海里全是姐姐即将到来的生日，他想要给她一份特别的礼物——一束漂亮的黄色玫瑰花。但小明面临一个问题，他的猪仔存钱罐里只有100元，而他心仪的花束价格却是150元。

小明的爸爸，一位经验丰富的商人，总是教导他在买卖中学习讲价的智慧，于是小明决定寻求爸爸的帮助。爸爸听了小明的愿望后，微笑着给了他一个建议："黄昏时分去花市吧，那时候花店老板准备关门，可能会有更多的讲价空间。"

小明按捺住兴奋的心情，等到了黄昏时分，便急忙骑上自行车，前往热闹的花市。市场里，花香扑鼻，色彩斑斓的花朵争奇斗艳。小明走进了一家店主看起来很友好的花店，店里的一束黄色玫瑰花美得令人惊叹。

他鼓起勇气，向店主礼貌地询问："这束漂亮的黄色玫瑰花多少钱？"

店主看了看钟，回答说："150元。"

小明吞了吞口水，诚恳地说："我只有100元，但这束花是给我最亲爱的姐姐的生日礼物。我知道您的花值这个价，但我真的买不起。您能不能100元卖给我？"

店主的眼神柔和了一些，他被小明的礼貌和诚意打动了。他想了想，最后说："好吧，小伙子，看在你这么有礼貌的份上，我就100元卖给你吧。"

小明开心极了，他谢过了店主，带着玫瑰花离开了市场。当他把花送到姐姐手上时，看到她惊喜的笑容，他知道所有努力都是值得的。

小明在这件事上学会的不单是讲价的技巧，还有沟通、说服和与他人达成共识的艺术。他学到了即使只有有限的资源，凭借用心和努力也可以获得满意的结果。面对挑战，他学会了自我提升，发现了通过解决实际问题可以增强技能与自信。

　　最后，小明认识到积极主动争取机会的重要性，而非仅仅等待机遇的到来。这些经验不只对小明的成长至关重要，也是每个人在生活中都可运用的智慧。

第六章
储蓄创造未来

在前一章中,我们探讨了消费带来喜乐的细节。我们意识到,当孩子发现想要购买的物品不是他们可以一次性负担时,他们就需要学习通过储蓄来积累所需的资金。在这个过程中,关于储蓄的教育有三个核心目的。

首先,储蓄是一种安全网。它为意外事件提供了必要的资金保障。对孩子而言,这可能意味着如果他们的玩具坏了或者突然想参加学校的郊游,他们能有备用的资金去应对这些情况,而无需感到手足无措。

其次,储蓄是实现更大梦想的基石。例如,如果孩子梦想有一款最新的平衡车,那么通过定期存钱,他们将能够最终实现这个目标。这个过程不仅教会他们耐心,而且还能让他们体会到为目标努力并最终实现时的满足感。

最后,储蓄是达到财务自由的关键。尽管在财商启蒙阶段,孩子们可能还无法完全理解财务自由的概念,但培养他们定期储蓄的习惯是非常重要的。通过储蓄,孩子们可以学习资金的管理以及如何让钱为他们服务,这是他们未来实现财务自由的基础。

财务自由是钱生钱的进阶概念,虽然财务自由在财务管理中非常重要,但在本书中,我们选择暂时不深入讨论。这是因为在孩子的财商教育早期阶段,我们更重视的是建立良好的金钱观念和基本的储蓄习惯。

我们将在孩子逐渐成熟,对金钱有了更深层次的理解时,再引入更为复杂的财务概念。例如,当孩子开始理解长期投资和利息复利时,我们可以讨论如何通过投资来增加紧急基金的额度，或者如何将储蓄转化为被动收入，从而实现财务自由。

通过这个渐进式的教育方法，我们能够确保孩子在理解每个财务概念的同时，也能够将之前学到的知识运用于实践。这样，当他们准备好更全面地探索财商世界时，他们将具备坚实的基础和必要的工具，为实现财务自由做好准备。

第一节　定目标，做规划

引导孩子们设定目标、做出规划，相当于在他们的心中种下梦想的种子。这个过程，远不只与时间管理有关，它还关乎自律和责任感——那是孩子内心的罗盘，引导他们在生活的海洋中航行。通过这种自我指引，孩子们将学会如何以高效和有目的的方式使用宝贵的时间和资源。

设定目标和做出规划，这不单单是对未来的承诺，更是一种动力的源泉。它点燃孩子们的内在动力，激发他们以坚毅不拔的精神追求梦想。在面对生活的风浪时，这种内在的力量将是他们坚守本心的锚。

在孩子们学习如何设定目标和做出规划的同时，他们也悄然锻炼出了决策和解决问题的能力。生活是由无数的选择构成的迷宫，而这些能力便是孩子们手中的线团，帮助他们在各种情境中找到出路。在这一过程中，每一次小小的成就都如甘露般滋润他们的心田，成就感和满足感成为他们不断前行和攀登新高峰的动力。

因此，教育孩子设定目标和做出规划，我们实际上是在塑造他们的人生观和行为准则，这是他们未来成功的坚固基石。

在储蓄的课堂上，我们不仅要教孩子们金钱的价值和管理，更要利用这个机会教他们关于目标设定和规划的重要性。通过"SMART 原则"——具体、可衡量、可达成、相关联且时限明确——我们不仅为孩子们提供了一个清晰的目标设定框架，还教了他们一种生活的艺术，即如何清晰地定义梦想，并为之制订可行的计划。

以下是 SMART 原则的详细解释。

1. S——具体（specific）。

一个具体的目标应该清晰无误地定义你想要达成的是什么。它应该明确指出要实现的行为、事件或成果。想设定具体的目标，可以回答五个"W"问题：Who？What？Where？When？Why？

— Who：需要参与的人是谁？

— What：我想要实现什么具体目标？

— Where：如果有地点的话，会在哪里进行？

— When：何时需要完成？是否有特定的时间限制？

— Why：为什么这个目标重要？

2. M——可衡量（measurable）。

可衡量的目标意味着你可以追踪进度和成果。你应该能够明确知道是否接近或已经完成了目标。可衡量的目标可以回答关于"多少"的问题，例如"多少钱？""多少时间？""多少人？""多少次？"，以便你追踪自己的进步情况。

3. A——可实现（achievable）。

目标应该是有挑战性的，但也应该是可以实现的。你需要评估设定的目标是否与你的资源、能力和其他限制条件相匹配。一个可实现的目标通常需要你考虑需要发展哪些技能以及利用哪些资源来实现它。

4. R——相关联（relevant）。

相关联确保目标对于你的生活、职业或业务战略是重要的。目标应该和你的其他目标、需求和愿望相一致。它们应该是你真正关心的，而且符合你的其他努力和长期计划。

5. T——时限明确（time－bound）。

为目标设定时间限制可以提供动力和紧迫感。一个有时间限制的目标会回答"在什么时候完成？"的问题。时间限制为目标提供了一个清晰的结束点，这有助于你集中注意力和资源去完成目标。

将 SMART 原则应用于目标设定，可以极大地提高你达成目标的可能性。这个原则可以帮助你创建更清晰、可操作和有意义的目标，从而推动你向着愿望和梦想前进。

在一个阳光明媚的夏日早晨，10 岁的乐乐和他的爸爸一起坐在客厅里，他们在膝盖上摊开了一张巨大的海报。这不是一般的海报，而是他们即将踏上的冒险之旅的规划图。

乐乐对电子遥控车充满热情，这种热情是他从爸爸那里继承的。他们家客厅的角落堆满了各种模型车和附件。乐乐参加了一个电子遥控车社群，而社群即将在暑假最后一周举办一场激动人心的遥控车越野比赛。乐乐的目标是拥有一辆全新的遥控车并去参赛。

"好的，乐乐。"爸爸说，"我们需要一个计划。你知道SMART目标设定法吗？"

乐乐点点头，他刚在学校学到这个方法。他们开始规划。

S（具体）：乐乐列出了他梦想中的遥控车的特点，它拥有强大的动力系统，坚固的轮胎，和能在所有地形中稳定行驶的悬挂系统。

M（可衡量）：他们决定要跟踪每一笔用于购买零件的钱，以及每个零件的安装进度。

A（可实现）：乐乐和爸爸列出了所有需要购买的零件，并调查了价格，确保计划的实际可行性。

R（相关）：这个目标不仅仅是为了比赛，更是为了与爸爸共同完成一个项目，以及学习财务管理和责任感。

T（时限明确）：所有的准备和购买行为必须在比赛开始前完成，以便乐乐有时间测试和调试他的新车。

现在乐乐的暑假计划非常明确。他开始在家"工作"，每完成一项，他就能从爸爸那里赚到一些钱。乐乐还帮助邻居洗车，他们的笑容和自己手中越来越沉的钱包给了乐乐继续前进的动力。

两个月的时间悄悄流逝，在乐乐的坚持和努力下，他终于收集了所有的零件，并且亲手组装了自己的遥控车。每一个螺丝钉都凝聚了他的汗水和决心。

比赛那天，乐乐的遥控车在起跑线上闪耀着光芒。比赛开始了，乐乐操控着他的车辆，穿越障碍，越过坑洼，他的心随着遥控车的每一次跳跃而跳动。最终，他赢得了亚军。对乐乐来说，这场比赛的意义远超过赢得奖杯。

在这个夏天，乐乐学会了设定目标和规划如何达成这些目标，这一过程对他的成长具有深远的影响。通过明确比赛目标和所需步骤，他不仅学习到如何利用时间和资源，更重要的是，他理解了持续努力和持之以恒的价值。这次经历教会了乐乐，成功往往需要精心规划和前瞻性思考。他学会了将大目标分解为小步骤，这不仅使目标看起来更可能实现，也让他在达成每一小步时获得成就感，从而保持动力。这种学习对乐乐来说是一个转折点，因为它培养了他的自我驱动和自律性，这将对他的个人能力和职业生活产生积极影响。未来，无论是在学业上，还是在其他任何需要设定目标和制定计划的情境中，乐乐都能够运用这次学习到的技能，以更加成熟和有效的方式追求成功。

正如时间管理大师博莱恩·崔西所说，"一个人若能够正确设定目标和规划，就能节省 90％ 的时间去实现这些目标。"通过积极的财商教育，我们可以培养孩子在目标设定和规划方面的技能，这无疑将成为让孩子终身受益的宝贵财富。

第二节　梦想相册

儿童梦想相册是专为孩子们设计的梦想和目标视觉化工具。它与成人的梦想相册概念相似，但更加简单、有趣和适应孩子的需求。儿童梦想相册可以启发孩子的想像力，培养他们的自信心，并帮助他们理解和追求自己的梦想。

制作儿童梦想相册的过程包括以下步骤。

1.鼓励孩子想象和探索。首先，鼓励孩子们思考自己的梦想和目标是什么，可以问他们："你想成为什么样的人？你希望实现什么样的目标？"

2.收集图片和文字。和孩子一起收集图片、照片和文字，这些可以代表他们的梦想和目标。可以从报纸、杂志、网上或他们自己的绘画中寻找素材。

3.制作梦想相册。帮助孩子将收集到的图片和文字贴在一张大海报上或纸板上，创建他们的梦想相册。可以使用彩色笔、贴纸和其他装饰让相册更生动有趣。

4.讨论和展示。和孩子一起讨论他们相册中的梦想和目标，让他们解释每个图像的意义。可以在孩子的房间或其他显眼的地方展示相册，让他们每天都能看到并保持对自己梦想和目标的关注。

儿童梦想相册的目的是启发孩子们对未来的期望和目标，并鼓励他们努力追求梦想。它可以促进孩子的想象力、创造力和自信心的发展。透过视觉化的方式，儿童梦想相册帮助孩子理解自己的梦想，并设定具体的目标，激发他们的动力。同时，儿童梦想相册还让家长和教育者更好地了解孩子的梦想和愿望，从而提供适当的支持和引导。

梦想相册在提醒孩子追求梦想方面扮演着重要的角色。每天与孩子一同观看家庭成员的个人梦想相册，互相关注家庭成员的梦想和目标。同时，我们可以讨论今天我们要为自己的梦想做些什么，对于自己的梦想，我们需要什么样的帮助，以及我们愿意为大家的梦想作出什么贡献。这正是家庭梦想相册所能达到的效果，它联结了整个家庭，成为一个非常强大的凝聚工具。

根据我们的经验，很多家长向我们寻求帮助，抱怨孩子的梦想经常变化，不知道该如何应对。我总是反问他们是否制作了梦想相册，是否每天与孩子一同观看和讨论梦想相册。然而，我从他们的回答中得知，他们十之八九都没有做好梦想相册。梦想相册是一个重要的工具，请家长们不要忽视它的价值。

第三节　成功日记

儿童成功日记是一种记录和鼓励孩子个人成就和积极行为的工具。它是一本专门为孩子设计的日记，让孩子写下自己每天的成就，并对这些积极的经历进行总结和庆祝。

儿童成功日记的目的是培养孩子的自信心、积极心态和自我价值感。通过记录和回顾自己的成就，孩子们可以获得成就感和自豪感，并了解到自己具备的能力和潜力。这有助于他们建立自信，并激发他们继续追求更大的目标，并为之努力。

制作儿童成功日记包括以下步骤。

1.选择一本适合的日记。选择一本孩子喜欢的、具有吸引力的日记本。可以选择有彩色插图、卡通角色或其他孩子感兴趣的主题。

2.每天记录成就。鼓励孩子写下自己每天的成就，无论是大还是小。这些成就可以是学业上的进步、完成任务、克服困难、展示才华、表现出友善和乐于帮助他人等。

3.总结和表达感受。鼓励孩子在日记中总结他们的成就，思考自己的感受和为什么这是一个重要的成就。他们可以描述他们如何努力克服障碍或获得支持来取得这个成就。

4.庆祝和奖励。当孩子记录下自己的成就时，家长可以给予肯定和鼓励，并与孩子一同庆祝这些成就。庆祝可以是一个小奖励、一个拥抱或一个特别的活动，以表扬孩子的努力和成就。

通过儿童成功日记，孩子们可以建立起正面的自我形象，并学会珍惜和庆祝自己的成就。这有助于培养积极的心态，并激励他们继续追求更多的成就。同时，这也是一个家庭可以共同参与的活动，促进亲子关系和家庭凝聚力的发展。

儿童成功日记在培养孩子学习财商中的储蓄方面发挥着关键性的作用。首先，儿童成功日记提供了一个平台让孩子们设定储蓄目标并写下自己的储蓄计划。这有助于孩子们明确储蓄的目的和意义。他们可以在日记中记录下希望储蓄的金额，或者是想要购买的特定物品。这样的目标设定能够激发孩子们的动力，并让他们了解到储蓄的重要性。

其次，儿童成功日记可以用来追踪孩子们的储蓄进度。孩子们可以每天或每周记录自己储蓄的金额，并在日记中画出进度条或图表，以视觉化方式观察自己的储蓄增长趋势。这样的追踪和视觉化方式让孩子们能够更直观地看到自己的努力和进步，并激励他们坚持储蓄下去。

再次，儿童成功日记鼓励孩子们在日记中记录储蓄的成就。当孩子们成功达到自己设定的储蓄目标时，他们可以在日记中写下这个成就。这样的记录让孩子们直观地看到储蓄的成果和价值，并增强他们对储蓄的积极态度。同时，这也是一种自我肯定的方式，让孩子们意识到自己的努力和决心是值得称赞和庆祝的。

此外，儿童成功日记鼓励孩子们在储蓄过程中进行自我总结。他们可以写下自己的储蓄策略是否有效，是否需要调整或改进。这样的自我总结有助于孩子们从储蓄中获取经验，并激励他们坚持下去。孩子们可以思考自己如何节约金钱、避免不必要的开销，以及如何找到储蓄的机会等等。这样的总结使他们能够养成更好的储蓄习惯和财务管理能力。

最后，儿童成功日记也促进了家庭的参与和支持。家长可以与孩子一起阅读和讨论日记，给予他们在储蓄方面的指导和鼓励。家庭参与可以增强孩子对储蓄的认识，并建立良好的财务价值观。家长可以与孩子们一同设定目标、制定计划，并为他们提供相应的奖励和支持。这种家庭参与和支持的环境有助于孩子们建立良好的金钱管理习惯，并培养财务责任感。

总体而言，儿童成功日记在孩子学习财商中的储蓄方面起到关键性的作用。它帮助孩子们设定储蓄目标、追踪进度、记录成就，并进行自我总结和激励。同时，它也鼓励家庭参与和支持，促进家庭中的财务教育和沟通。这种综合的作用使儿童成功日记成为培养孩子财务意识和储蓄习惯的关键工具，为他们未来的财务健康奠定基础。

叮叮是一个5岁的活泼女孩，她有一个梦想：在即将到来的中秋节买一个五彩缤纷的灯笼。她的妈妈告诉她，如果她能自己存够钱，就可以实现这个梦想。叮叮决定接受挑战，她的妈妈给了她一个小本子，这就是她的成功日记。

第一天，叮叮在日记上写下了她的梦想："我要在中秋节买一个最漂亮的兔仔灯笼！"她在旁边画了一个大大的灯笼。接着，她写下了她的计划："每天'工作'，得到收入，买灯笼。"

叮叮每天都会帮忙做一些力所能及的"工作"：同妈妈一起取快递和帮助龟龟洗澡。每当她完成一个任务，她就会兴奋地在成功日记上记录下来，并把收入放进她的小猪存钱罐。有时候，她会感到有点儿累，或者想玩一会儿游戏，但是想到那个漂亮的灯笼，她就会重新振作起来。

　　中秋节前的一周，叮叮开始在日记上记录她存了多少钱。她看到数字慢慢增加，她离梦想越来越近了。每一次存钱，她都会画一个小星星在日记本的页边。她的小星星越来越多。

　　终于，中秋节的前一天，叮叮打开了她的小猪存钱罐，数了数所有的零钱。她在成功日记上兴奋地写下了最后的数字，足够买她梦想中的灯笼了！第二天，她和妈妈手牵手去了市场。那里有各式各样的灯笼，叮叮很快就找到了她心仪的那一个——它是粉红色的，上面还有金色的波浪纹和亮闪闪的小石头，灯笼底部还有漂亮的流苏。

　　叮叮用自己辛苦存的钱买了灯笼，她的眼睛里闪耀着骄傲和快乐的光芒。回到家，她把灯笼挂在日记本旁边，然后写下了大大的"成功！"。妈妈拥抱了她，说："你做得很好，叮叮，你学会了储蓄并为自己的梦想而努力。"

第四节　家庭会议

家庭会议是一种亲子教育的工具，旨在促进家庭成员之间的沟通、合作和问题解决。它是家庭成员可以定期或不定期参与的集会，旨在讨论家庭事务、制定规则、解决冲突或分享意见和想法。

家庭会议通常由父母或监护人主持，但也可以让孩子们轮流担任主持人，以培养他们的领导能力和负责任的态度。这种平等参与的形式可以促进家庭成员之间的相互尊重和理解。

在家庭会议中，成员可以共同讨论和解决日常生活中的问题，例如分配家务、制定作息时间、管理家庭预算、策划娱乐活动等。这样的讨论和参与过程可以让孩子们感受自己的声音和意见的重要性，同时培养他们的决策能力和解决问题的技巧。

家庭会议还提供了一个安全的环境，让家庭成员能够坦诚地表达他们的感受、需求和担忧。这种开放和尊重的沟通氛围有助于建立良好的家庭关系，促进家庭成员互相理解和支持。

另外，家庭会议还可以用来教导孩子们重要的人际交往技巧，例如尊重他人的意见、学会倾听和表达自己的观点等。这些技巧在他们的人际关系和将来的职业生涯中都是非常有价值的。

家庭财务会议是一种特殊的家庭会议，我强烈推荐每个家庭每月都要举行一次家庭财务会议。这不仅是增强家庭联系的有益活动，更是培养孩子理财意识的绝佳机会。下面，我将分享家庭财务会议的具体流程。

第一部分，从感恩的心开始。每个家庭成员轮流分享上一周他们感激其他成员所做的事。比如，爸爸可能会说："我感谢孩子妈妈这星期为我们准备了那么多美味的菜肴，让全家都很满足；我也感谢大宝在我疲惫时帮我泡脚，让我放松了很多；还有小宝，感谢你在餐桌上分享快乐的校园故事，让家里充满笑声。"

第二部分，由会议主持人宣布讨论的议题。比如，这次讨论的主题是关于大宝想要一辆平衡车，但是资金不足的问题。我们提前在讨论板上列出了会议议程，让每个人都有准备。

第三部分，头脑风暴环节。重要的是每个人都可以自由发表建设性的意见，其他成员则保持开放的心态并记下所有想法。例如，小宝建议自己每周贡献 5 元，和大宝共同购买平衡车；大宝提出可以从压岁钱中取出 500 元；妈妈提出让大宝做额外的家务活来赚钱；爸爸建议大宝可以卖掉大宝的二手自行车，并从中获得一定比例的收益；小宝又提出愿意把爸爸送给他的新年礼物交给大宝；大宝甚至建议小宝把所有的压岁钱都给自己，用来共同购买平衡车。当所有人的意见都提出后，头脑风暴就结束了。

第四部分，筛选头脑风暴中的建议。我们会从头脑风暴的建议中挑选出那些合理、尊重他人且有助益的方案。比如，小宝每周出资 5 元的建议是可行的，而要求小宝放弃压岁钱的提

629929699062926099690999966999999999

议则需尊重小宝的意愿。从财商角度看，我们不推崇大宝要求小宝放弃压岁钱的做法，因为这不符合尊重和合理的原则。我们会逐个讨论每个方案的利弊，直到找到最佳的解决方案。

第五部分，在愉快的氛围中结束会议。有时家庭财务会议可能会触及一些敏感话题，导致有人情绪低落。因此，我们坚持每次会议结束前都玩一个小游戏，确保每个人都能带着笑容离开。

第六部分，一周后的评估成效环节非常关键。这有助于我们监测实施方案的效果，并在必要时进行调整。比如，如果发现大宝的"额外工作"影响了他的学业，我们就需要重新考虑这个方案。

通过这样的家庭会议，我们不仅加强了家庭成员之间的联系，还教会了孩子们如何共同面对财务挑战，培养了他们的理财意识和团队协作能力。这样的家庭活动能让孩子在实践中学习财务规划，同时让家人之间更加和谐与理解彼此。通过家庭财务会议，我们教育孩子们理解金钱的价值，学会为自己的梦想设立目标，并为之规划和努力。这种教育方式不仅对孩子的个人成长有益，而且对家庭整体的幸福和经济健康也是一个巨大的投资。

我们刚刚谈到了家庭财务会议的重要性，而在第二章中，我们也讨论了家庭价值观，它们包含鼓励、温暖、合作和有原则这四个关键元素。这些价值观不仅应该是家庭会议的基石，也应该是我们日常生活中的行为准则。

例如，当大宝提出想要购买一辆平衡车时，作为父亲的我意识到，以大宝目前的经济能力，他可能无法独自负担这笔费用。因此，我让大宝将他的愿望记录下来，作为家庭财务会议的议题，这样我就有时间与妻子商议如何在会议中体现我们的家庭价值观。

如果在整个会议过程中，我们只是让大宝自己去找方法，而不给予帮助，那么他将感受不到家庭的温暖和合作精神。所以，在与妻子讨论之后，我们准备在会议结束前提出一个让大宝感到被全家支持的方案。

当小宝主动提出愿意贡献一部分钱来帮助兄弟实现梦想时，这就产生了一次极好的兄弟合作机会。同时，我考虑到，如果有必要，我可以与大宝共同分担费用，条件是大宝在放学后，只有在完成作业的情况下才能使用平衡车。这样，我们就营造了一个既鼓励学习又提供娱乐的平衡方案，减少了大宝的财务负担，确保了学习优先。

在家庭财务会议中，如果孩子们提出了更好的解决方案，我们就不需要使用我们准备的备选方案。如果他们提出的方案不能很好地体现我们的家庭价值观，我会将我们设计好的方案拿出来讨论。这显示了家长的准备对于控制结果的重要性。

在我们的亲子正面财商社群中，我们鼓励成员们提出方案，并在群内分享和讨论。利用集体的智慧，我们可以一起打磨出更加完善的方案，再在家中实施。这样的社群环境体现了鼓励、温暖、合作、有原则和爱。我们欢迎读者们加入我们的大家庭，一起实践亲子正面财商的理念。

第五节　按比例金钱支持

按比例金钱支持这一方法，是一种鼓励孩子为自己的梦想积极储蓄和努力赚钱的策略。它特别适用于那些实现成本较高的愿望，如购买一台电脑、一辆自行车或其他昂贵的物品。家长通过承诺按照一定比例补贴孩子自己储蓄的金额，既表达了对孩子目标的支持，又培养了孩子的责任感和成就感。

以1∶1的比例为例，如果孩子存下100元，用于实现梦想，父母就额外补贴100元，使孩子的储蓄金额翻倍。这会极大地激励孩子去寻找各种赚钱的机会。同时，孩子在考虑消费时，会更加慎重，因为他们会意识到每一次不必要的开销都会使他们进一步远离梦想。

然而，这种策略并不是一开始就可以随意使用的。如果孩子知道有这样的支持方式，可能每次想要某样东西时，都会期望家长提供相同的支持。这样做的风险在于，孩子可能会变得依赖父母的财务援助，而不是学会独立解决问题和达成目标。

亲子财商教育是一个持续的过程，伴随着孩子的成长而渐进展开。不同年龄阶段的孩子有不同的认知能力和责任感，因此，重要的"绝招"或策略应该适时适度地引入。当孩子年纪更大，例如 16 岁时，他们对金钱的理解更加成熟，这时候引入按比例金钱支持的方法，孩子不太可能对此形成依赖，反而会把它视为实现个人目标的奖励。

通过这种策略，我们不仅帮助孩子更早地实现了具体的目标，更重要的是，我们教会了他们金钱的价值和如何对自己的行为负责。这样的经验是孩子们走向独立的重要一步，也是他们在成为负责任的成年人的路上必不可少的一课。

第六节　储蓄紧急基金

储蓄紧急基金是财务规划中至关重要的一环，教育孩子理解并准备紧急基金，是帮助他们应对不可预见事件的关键。2020 年，全球新冠疫情暴发，给世界各地的人们带来了前所未有的挑战，很多行业受到了严重影响。这证明了，我们一直强调的财商教育原则之一——每个家庭应储备至少六个月的生活开支作为紧急基金——是多么的重要。

那些有预见性地储备紧急基金的家庭，在疫情期间得到了宝贵的缓冲时间。他们有的人利用这段时间转换职业道路或适应新的工作环境，避免了财务上的大幅冲击。相反，那些未能储备紧急基金的家庭，在面临突如其来的挑战时，可能只能依赖借债这一不稳定的手段，从而在经历了长达三年的疫情后，往往背负了沉重的债务负担，陷入了财务困境。

因此，从小教导孩子紧急基金的概念至关重要。对孩子来说，紧急情况可能与成人所面临的不同。例如，对一个 12 岁的孩子来说，弄丢手机可能是一个紧急事件，因为在当今社会，手机已成为我们生活的一部分。如果孩子没有紧急基金，家长可能会感到无奈，只能直接为孩子购买新手机。然而，在我们的正面财商教育中，如果孩子有了自己的紧急基金，他们就能更加自主地、有信心地处理这样的紧急情况。

对于年纪更小的孩子，比如 5 岁的小朋友，我们可以选择一个更贴近他们生活的方式来引入紧急基金的概念。例如，我们可以在他们的背包或者父母的手机壳里放一张 100 元纸币，告诉他们这是一个紧急情况下的备用金。当遇到小小的不便时，比如把钱包忘在家里，家长就可以把备用金展示给孩子看："还好爸爸妈妈有先见之明，我们在手机壳里留了 100 元应急资金，现在我们就能用它坐车回家。"这不仅是一个生动的教学时刻，也是一次让孩子感受到安全和被照顾的经历。

通过这样的实际操作和教学，我们不仅为孩子们提供了解决问题的方案，也帮他们树立了金钱管理观念，那就是通过适当的规划和准备，我们可以更从容地面对生活中的挑战。这样的教育将为孩子未来的独立生活打下坚实的基础，无论面对什么紧急情况，他们都有能力和资源去应对。

第七章
分享改变世界

许多朋友经常向我咨询：孩子应该从多大开始学习财商？原先我的答案是，从 3 岁开始就可以了。然而，自从我成为父亲后，我发现，事实上孩子在 6 个月大时就可以开始学习财商教育的基础概念了。

对于教授孩子金钱观念，一些家长可能会有所顾虑：在孩子如此幼小的时候引入金钱概念，是否真的是件好事？他们担心孩子过早接触金钱，可能会变得世俗或者唯利是图。其实，当我听到家长们这样的担忧时，我的直觉反应是：家长首先需要重新审视和调整自己对于金钱的看法。这些担忧反映出他们内心对金钱持有某种程度的负面评价。

实际上，金钱本身是中性的。它是一种工具，如何使用它完全取决于个人的选择和价值观。针对家长们常有的顾虑——担心孩子学习金钱知识后会变得唯利是图——我想提出我的看法。

通常，一个人之所以对他人慷慨，是因为他们身上拥有分享的精神。简而言之，如果一个人在拥有财富之后，能够让这个世界变得更好，随着他财富的增长，他能够带来更多积极的影响，那么他的财富对社会来说是有益的。

因此，在教育孩子金钱概念的时候，我们不仅要教导他们如何消费和储蓄，也要教会他们分享的重要性。当孩子学会感激并愿意将自己拥有的东西分享给他人时，他们会真正体验到自己的分享为他人带来的快乐。这样的经历会让孩子认识到，金钱不仅可以为自己带来物质上的满足，更能成为带给他人帮助和快乐的工具。

教导孩子分享在财商教育中非常重要，孩子可以从分享中养成以下品格和能力。

1.培养慷慨品格和同理心。分享教导孩子关心他人，培养他们的慷慨品格和同理心。当孩子学会分享时，他们能够将自己的财物、时间和资源与他人分享，并关心他人的需求。这有助于孩子建立正面的人际关系，培养社交技巧，使他们成为富有同理心和关怀他人的人。

2.培养感恩的心和满足感。通过分享，孩子学会珍惜自己拥有的东西并感恩。当他们将自己的资源分享给其他人时，他们会体会到给予的喜悦和满足感，并学会不只是追求个人利益，而是关注共同利益和幸福。

3.建立良好的人际关系。分享有助于建立良好的人际关系，特别是在家庭和友谊关系中。当孩子愿意分享时，他们可以加强与兄弟姐妹等其他家庭成员和朋友之间的联结。这种互相分享的关系有助于建立信任和合作，并增加家庭和社交网络的凝聚力。

4.学习价值观和财务管理。通过分享，孩子可以学习正确的价值观和财务管理。他们可以学会将有限的资源分配给不同的需求，并学会权衡和做出明智的决策。这对于培养孩子的财务意识、理财技能和负责任的金钱管理能力非常重要。

分享不仅是财商的一部分，也是人生价值观的一部分。通过在孩童时期就培养这种价值观，我们可以帮助孩子建立起一种积极、健康的金钱观。这样的教育方式将使孩子在未来的生活中，无论是面对财务决策还是人际互动，都能有一颗慷慨和感恩的心。这也将帮助孩子树立社会责任感，了解到个人的成功与社会的福祉是相互联系的。最终，我们的目标是引导孩子们成为既理财有道又乐于助人的成年人。

第一节　感恩日记

感恩日记是一种书写习惯，通过记录每天的感恩之事来培养感恩心态和增加对生活中美好事物的认识；它也是一种个人实践，旨在提醒自己关注正面和值得感激的事情。

孩子习惯写感恩日记的好处如下。

1.增加幸福感和满足感。通过写下感恩之事，孩子可以专注于生活中的正面和美好之处，从而提升幸福感和满足感。

2.减少焦虑和压力。感恩日记可以帮助孩子转移注意力，将焦点从负面和压力转向正面和感激的事物，从而减轻压力和焦虑感。

3.培养感恩的心态。通过每天写下感恩之事，孩子可以养成感恩的心态，更加珍视生活中的美好，并感激他人的付出和关爱。

4.增强正面思维和乐观心态。感恩日记可以帮助孩子培养正面思维和乐观心态，从而让孩子更好地应对困难和挑战。

以下是对感恩日记每一项内容的详细说明，家长在教孩子写感恩日记时可以参考。

1.我感恩我所拥有的。这一项鼓励孩子关注他们所拥有的事物，无论是物质财富还是非物质财富。这有助于培养孩子的感恩心态和让他们珍惜现有资源。例如，孩子可以感恩他们的家庭、朋友、健康、受教育机会、舒适的居所等，他们可以写下"我感恩有一个充满爱和支持的家庭"。

2.我感恩别人为我所做的。这一项鼓励孩子感激他人对他们的帮助和付出。这有助于培养孩子的感恩之心，并巩固人际关系。孩子可以感恩他们的父母、老师、朋友或其他任何对他们提供支持和帮助的人。例如，孩子可以写下"我感恩妈妈今天帮我准备美味的早餐"。

3.我今天要为别人作出贡献的一件事。这一项鼓励孩子思考如何为他人作出贡献，无论是为家庭成员、朋友还是为社区。这有助于培养孩子关怀他人和奉献的精神。孩子可以思考一个小的行动或善举，例如帮助妹妹整理房间、在学校帮助同学解决问题等。他们可以写下"我今天要帮助妹妹整理房间，让她有一个整洁的环境"。

4.我今天要为梦想做的一件事。这一项鼓励孩子思考自己的梦想和目标，以及如何朝着实现它们迈进。这有助于培养孩子的目标设定能力和行动力。孩子可以思考一个小的具体行动，例如练习一个技能、阅读有关他们梦想的书等。他们可以写下"我今天要花一小段时间练习弹吉他，因为我希望成为一位音乐家"。

5.我现在很开心的原因。这一项鼓励孩子思考当下的快乐和幸福，提醒他们关注当下的美好。这有助于培养孩子的乐观心态和珍惜当下的能力。孩子可以思考他们当下的喜悦，例如与朋友一起玩乐、享受美味的食物、参加有趣的活动等。他们可以写下"我现在很开心，因为我和朋友在公园玩得很尽兴"。

通过以上感恩日记的内容，孩子可以学会感恩自己所拥有的，感激他人的帮助，思考如何为他人作贡献，追求自己的梦想，并珍惜当下的喜悦。这些习惯可以帮助孩子培养感恩和乐观的心态，并促进他们的心理健康，提升幸福感。

第二节　分享从身边的人开始

分享是一种能量的流动，它象征着财富的循环和再生。在教育孩子关于财富的理念时，让孩子理解接收与给予的平衡是至关重要的。当我们只接收财富而不将其分享时，手中的金钱可能会失去活力，变得如同静止的水塘。反之，当我们将所得的财富用于回馈他人和社会时，金钱便会流动起来，创造更多价值，形成一种良性的循环。这是财富能量的螺旋上升。

要让孩子学会通过分享来改变世界，我们应该引导孩子从与身边的人分享开始。如果我们一开始就教育孩子将钱捐赠给慈善机构，对于孩子而言，他们可能难以直观感受到分享所带来的影响，因为捐献出去的钱并没有直接的反馈。因此，让孩子从与身边的人分享开始，是一个更为直接和有效的教育方法。当孩子看到他们的分享让别人微笑，听到了感谢的话，感受到别人的幸福时，他们就会明白分享的力量。比如，我们可以鼓励孩子向爷爷展现分享的行为："你的储蓄罐里已经积攒了 10 元。爷爷总是送你喜欢的食物和玩具，你想不想用储蓄罐里的这 10 元给爷爷买一些他喜欢的东西呢？"这样的引导不仅教会孩子感恩，也让他们体验到分享带给自己和他人的快乐。

通过这样的实践，孩子们会明白：金钱不仅可以给予个人物质上的满足，更是一种可以传递爱和关怀的手段。这种教育方法会培养出懂得感恩、愿意分享和具有社会责任感的孩子。随着孩子的成长，他们会逐渐将这种分享的精神扩展到更广阔的社会环境中，不仅限于家庭和亲朋，而是将善意和正面的影响扩散到社区、学校乃至更远的地方。最终，孩子们将学会用他们的行动和资源去促进更大范围内的积极变化，成为真正可以改变世界的人。

第三节　为孩子搭建安全的分享环境

当5岁的小宝用自己赚的10元钱买了糖果，分享给爷爷时，这是他展现自我价值和慷慨品质的一刻。小宝满心欢喜地对爷爷说："爷爷，这是我通过自己努力赚来的钱，我买了这些好吃的糖果，想和您分享。"但若爷爷回应得不够周到，比如直接表示自己因为糖尿病不能吃糖果，甚至质疑小宝的能力，这样的反应可能会打击小宝的积极性。

因此，为了避免孩子在分享时被拒绝，甚至遇到关于金钱的负面经历，作为父母的我们需要提前做好准备。在小宝决定分享前，我会先找个时间和爷爷沟通，告诉他这件事的重要性，并请求他的帮助，以确保小宝能够得到正面的反馈。

我可能会这样对爷爷说："爸，您以前教育我时做得非常好，谢谢您。现在，我正在教小宝如何分享成果，并希望他从中获得正面的体验。小宝现在已经学会通过劳动赚钱，并且想要用自己的钱买糖果送给您。虽然您不能吃糖果，但小宝来给您糖果时，您可以先听听他是怎么赚钱的，然后开心地接受他的心意，感谢他的慷慨。您可以说，'哇，你真棒！能想到用自己的钱来买礼物给爷爷，爷爷非常感动。'然后给他一个大大的拥抱。这样的回应会让他感到非常开心，也会鼓励他将来继续分享。"

通过这样的安排，我们不仅确保了孩子的分享行为得到积极的反馈，也教育了孩子即使对方不接受礼物，也可以欣赏自己的努力和好意。这种经历将在孩子心里树立起金钱可以为他人带来快乐和改变世界的积极形象。通过这样的实践，孩子将学会如何用爱心和财富去温暖他人的心，从而收获更多的快乐和满足感。

第四节　小身体，大力量

孩子们往往在最不被家长期待的时刻，展示出他们的善良和力量，渴望用自己的小小双手改变世界。我们经常惊讶于他们的想法和行动，因为这些想法和行动透露出一种天真而强烈的愿望，去帮助那些他们甚至从未见过的人。我们作为成人，面对孩子们如此纯粹的愿望，我们的回应至关重要。

2006年，5岁的凯瑟琳看到PBS电视台的一个纪录片讲述了疟疾在非洲每30秒钟杀死一个孩子，她对非洲孩子的命运产生了强烈的同情心。她通过自己的行动筹集了超过6万美元的善款，从疟疾的魔爪中拯救了近2万个小生命，成了一名为非洲儿童募捐蚊帐的"爱心战士"！

在凯瑟琳的故事中，她在5岁时就已经有了想要帮助非洲孩子的愿望，她的妈妈没有简单地回应"等你长大再说"，而是采取了实际行动，支持她的想法，并将她的玩具换成了能够救人性命的蚊帐。这样的故事告诉我们，孩子们的爱心不应该被忽视，即使他们年纪小，能力有限，但他们的意愿强烈，只要有成人的引导和支持，他们也能做出影响世界的大事。

凯瑟琳的行动并不是孤立的，她的社区，乃至世界富豪比尔·盖茨，都因为她的坚持和真诚而受到感染。她的故事不仅在网络上广为流传，更成为无数人心中温暖的力量。

这个故事对我最大的启示是，分享和改变世界的力量不一定在于孩子的实际能力，主要在于他们的意愿和坚持。孩子的影响力往往得益于父母的支持和信任。每个孩子都可能是改变世界的小小力量，是我们国家未来的栋梁。我们作为家长，要用心观察并支持孩子在感动之时采取行动，我们在帮助他们提高能力的同时，也在培养他们成为全方位富足的人——不仅在物质上富足，更在心灵和精神上富足。

因此，遇到孩子想要做出改变时，我们不应怀疑他们的能力，而应积极地提供帮助和指导。与其对他们说"等你长大再说"，不如告诉他们"让我们一起开始"。这样的支持会让孩子感受到自己的价值，激发他们的潜能，并在他们的心中种下积极行动的种子。在孩子的成长过程中，这些种子将生根发芽，最终长成强大的树，为世界带来阴凉和庇护。

第五节　贵人相助

相信大部分的父母都希望自己的孩子在人生之中可以获得贵人相助，那么什么样的人会更容易吸引贵人来帮助呢？

在我的人生当中，我真的遇到过很多贵人相助和名师指点，我总结了容易获得贵人相助的人的特质，如下。

1.懂得感恩。

2.愿意给身边的人赋能。

3.有使命感。

4.利他思维。

5.有大格局，想成就更多的人。

6.思考我可以为贵人做什么。

为什么贵人更愿意帮助有这些特质的人？原因是多方面的。首先，这样的人展现了一种积极的态度和价值观，他们能够看到整体利益并愿意为之奉献。贵人欣赏他们的利他思维和大格局，因为这种心态能够促进共同合作和互惠共赢。

其次，这样的人通常具有影响力和使命感。他们有明确的目标和追求，并致力于对社会作出积极的贡献。贵人希望自己的帮助能够产生长远的影响，而这样的人正是可以实现这一目标的合作伙伴。他们的使命感和影响力让贵人相信他们可以共同作出有意义的改变。

此外，懂感恩的人通常能够珍惜并回报贵人的帮助。他们理解并感激贵人的付出，并愿意以各种方式回报，无论是分享所学和经验，还是提供主动的支持和协助。贵人欣赏这种回馈的态度，因为它体现了一种互相尊重和相互成长的关系。

最后，这样的人通常具备负责任和信任的特质。他们愿意承担责任并有更高的期望，这让贵人有信心并愿意继续支持这样的人。贵人的信任是基于对这样的人的能力和承诺的肯定，相信这样的人值得合作并能取得共同的成功。

总的来说，从贵人的角度出发，他们更愿意帮助懂感恩、愿意给别人赋能、有使命感、有利他思维、具备大格局并思考如何回馈贵人的人，因为这样的合作伙伴能够和他们实现互惠共赢，具有影响力和使命感，并能够珍惜并回报贵人的帮助。这种合作关系建立在互相尊重、信任和共同成长的价值观上，使得贵人愿意投入更多时间和资源来支持这样的人。

第八章

3个影响亲子正面财商启蒙的观念

第一节　零花钱太多

过多的零花钱和压岁钱在亲子正面财商教育中可能产生负面影响，这一点尤其值得关注。孩子手中的钱太多通常有两个原因：一是在学习亲子正面财商技能之前，家长已经给孩子过多的零花钱；二是孩子在春节期间收到了过多的压岁钱。这些现象都可能削弱孩子为金钱劳动的积极性。毕竟，如果孩子不劳动就能轻易实现梦想，那他们为什么还要付出劳动呢？

因此，如何处理压岁钱的问题，应成为每年春节前家长探讨的重要议题。一旦我们了解到过多的压岁钱可能带来的问题，我们就应采取预防措施。

首先，我们需要确定一个合理的压岁钱金额，这个金额既能够在春节期间给孩子带来喜悦，又能促进孩子在财商方面的学习和实践。例如，对于一个 10 岁的孩子，如果他一年的目标是存下 2000 元，而春节收到的压岁钱就达到了 4000 元，那么这就明显超出了合理范围。这可能会导致孩子认为自己已经达到了财务自由的状态，从而失去了通过劳动来实现梦想的动力。在这种情况下，我们建议将压岁钱控制在一个可以激发孩子积极性的水平，比如 500 元。这样孩子依然需要通过自己的努力去实现剩下的 1500 元的目标，这能鼓励他们提升自我能力，也能激发他们去思考如何通过帮助他人解决问题来赚取所需的资金。

其次，确保孩子收到的压岁钱金额能控制在合理范围。这需要父母主动策划并与亲戚朋友进行有效沟通。家长通常知道哪些亲友会给孩子较大的红包，因此可以提前向他们解释孩子正在接受财商教育，过多的压岁钱可能会带来不良影响。在与亲友沟通时，采取寻求帮助的态度，而不是指责他们给孩子带来负面影响。正确的态度很重要，因为如果亲友是出于促进孩子成长的目的，那么这种沟通应该是比较容易的。例如，孩子的祖父以前都是给 500 元压岁钱，春节前，家长可以与他沟通，解释今年只给 100 元就足够了。通过这种方式，我们不仅能够避免孩子因为"钱太多"而失去赚钱的动力，还能在教育孩子时传授他们金钱管理和价值观的重要性。

第二节 债务观念的影响

借款与债务的观念对个人的心理和行为有着深远影响。那些深陷信用卡债务的人常被戏称为"卡奴"，而那些背负着未还清贷款的房产所有者则被称为"房奴"。从这个角度来看，负债似乎将人变成了现代意义上的"奴隶"，而债权人则相对地成为"主人"。

历史上，人类社会曾经经历过奴隶制阶段。在那个时期，奴隶是可以买卖的财产，而他们的束缚是实实在在的枷锁。尽管奴隶制被废除，但债务似乎成了新型枷锁，持续影响着人们的生活。

债务观念在我们的社会中无处不在，而且许多时候，孩子们的债务观念可能是从父母那里学来的。那么，孩子们开始形成债务观念是在什么时候呢？如果我们细心观察，会发现大约2岁的孩子就已经有了这种观念。例如，当一个孩子跟同伴说："你现在给我这个玩具，我回家后给你钱。"或者跟同伴说："你先让我吃点糖果，我下次会还给你。"这时，作为家长的你就应当意识到，孩子已经开始有了"借"和"还"的基本概念。

在此，我想指出，债务本身并非完全负面的。对于心智成熟、心理准备充分的个体而言，适度的债务可以成为创造更大价值的财务杠杆。杠杆效应可以带来正面结果，但如果事与愿违，可能造成的损失也是巨大的。利用债务的能力需要多年的专业训练，并不适宜于还在初步了解金融知识的孩子。

更为重要的是，债务观念的出现可能会削弱孩子们的节俭和储蓄意识。他们可能觉得不再需要延迟满足或必须储蓄，因为在消费时，他们不会感受到钱一旦花光就没有了的现实。这样，就很难期望孩子通过借钱来学会分享和财务规划。

假设孩子借钱并及时偿还，这确实可以成为一种财商教育。但是，我们必须明智地选择介绍这些概念的时机。如果一个孩子从父母那里借了一笔钱并承诺还款，最终却没有履行承诺，父母应该如何处理？显然，父母不会选择法律途径，这时候就可能出现所谓的"老赖"行为，导致财商教育的困境。如果家长为了教育孩子而采取财务封锁或扣留孩子的收入，这可能会导致财商教育进入僵局。

因此，只有当孩子在理解赚钱、消费、储蓄和分享的基础上，家长才可以在孩子青少年时期引入债务观念的教育，讨论其正面和负面影响。

父母应该记住，为孩子树立正确的财商观念非常重要，不应在孩子的财商启蒙阶段就引入债务观念的种子。例如，如果孩子出门忘记带钱而请求借钱，父母应鼓励孩子回家取钱，而不是简单地借给他们。这样做可以帮助孩子认识到财务规划和预算的重要性，以及如何避免过度依赖债务。

第三节　"钱生钱"的影响

在孩子们的财商启蒙中，我们必须首先确立一个关键的目标：财务自由。这个目标提出了一个基本问题——我们为何追求财务自由？

大多数成人希望财务自由是为了能够离开他们当前的工作。这样的回答透露出一个事实：他们并不喜欢自己的工作，甚至不满意自己当前的生活状态，因此财务自由对他们来说更多是为了逃避当下。如果有人说财务自由后会继续做现在的工作，并且用更多的资金和时间来扩大他们的事业，帮助更多的人，那么这样的理由是建立在有更大成就的愿望上，这是一种积极的动机。

在对孩子进行财商教育时，当孩子表示想要学习投资，以实现资金的增值时，我们需要辨别他们的动机。如果孩子没有体验到劳动创造价值和带来满足感的重要性，他们可能会把工作视为单纯的劳动，并将"钱生钱"看作逃避工作的手段。在这种情况下，孩子可能会形成一种不健康的期望，希望通过金钱而非劳动来获得成功，这并不是财商教育所希望看到的结果。

因此，在向孩子介绍"钱生钱"的概念之前，我们应当确保他们理解以下原则。

1. **金钱是价值创造出来的**：让孩子明白工作不仅是赚钱，也是为他人创造价值和提供快乐的源泉。

2. **消费带来喜乐**：消费不仅是为了满足物质需要，也应该提供精神上的满足。

3. **储蓄创造未来**：通过储蓄，我们可以为未来的目标打下基础。

4. **分享改变世界**：通过分享，我们不仅能帮助他人，还能提升自己的价值感。

一旦这些基础理念稳固，孩子们就能理解自己未来能够通过热爱的工作给世界作贡献，且随着金钱的增加，自己分享和帮助他人的能力也会增强。在这个阶段，"钱生钱"就不再是出于贪婪，而是作为一种工具，帮助他们提升自己的价值和影响力。

合理的财商教育顺序对于培养孩子的健康财务观念至关重要。若顺序错误，可能会引导孩子形成错误的理念。因此，家长们在孩子尚未成熟到可以理解这些复杂观念之前，不应急于求成。在孩子逐渐进入青少年时期时，我们可以逐步引导他们理解并实践这些财商概念。

第九章
给父母的7个建议

第一节　目标

当你决定对孩子进行亲子正面财商教育时，你需要明确目标和看见美好的未来，因为这是一个漫长的旅程，预计超过 10 年的时间。如果缺乏明确目标和对美好未来的展望，长期坚持下去会变得困难。我们可以从两方面获得动力和支持，一方面是对美好未来的展望，另一方面是逃避痛苦的动力。

通常，我不太喜欢寻找客户的痛点，但我会用痛点来激励自己。在财商教育中，有哪些痛苦是我们想要避免和逃离的呢？现在，让我们列举 7 种情形，这些是我们不希望孩子在成年后因为没有接受正面财商教育而发生的。

1.我不希望因为我没有教孩子正面财商，所以孩子过度借贷。

2.我不希望因为我没有教孩子正面财商，所以孩子浪费了 10 年的青春去还债。

3.我不希望因为我没有教孩子正面财商，所以孩子因为贪心而受骗。

4.我不希望因为我没有教孩子正面财商，所以孩子通过违法的行为获得自己想要的东西。

5.我不希望因为我没有教孩子正面财商，所以孩子一直辛苦工作，却得不到高收入。

6.我不希望因为我没有教孩子正面财商，所以孩子活到 70

岁还不能选择退休。

7.我不希望因为我没有教孩子正面财商，所以孩子缺乏热情为世界作贡献。

当我们明白逃避痛苦的动力后，我们需要借由想象孩子美好的未来以获得正向的动力。现在，让我们列举 7 个我们希望通过亲子正面财商教育，孩子在未来可能实现的事情。

1.孩子会因为我教他正面财商，所以在 18 岁的时候，已经有独立的能力。

2.孩子会因为我教他正面财商，长大后对于所有的工作都能乐在其中。

3.孩子会因为我教他正面财商，拥有白手起家的能力，我不用担心他的人生。

4.孩子会因为我教他正面财商，利用自己的价值，获得高收入。

5.孩子会因为我教他正面财商，在 35 岁前获得财务自由。

6.孩子会因为我教他正面财商，他越富有，这个世界变得越美好。

7.孩子会因为我教他正面财商，我与配偶可以安心地环游世界。

这听起来真是美好！通过每天与配偶一同翻阅孩子正面财商未来的梦想相册，你们可以保持动力和专注，并将整个财商教育过程分解为小任务，这样每次成功都可以庆祝一下。这种长期的互动教育旅程确实需要耐心和坚持，但随着孩子的财商知识和技能不断增长，你们将能够看到他们取得成果，就像财商树上结出果实一样。

这样的教育过程不仅是在给孩子进行正面财商教育，也是一次让你们与孩子共同成长和建立更亲密关系的旅程。这段旅程中的每一步都值得庆祝和珍惜。

请记住，这是一个长期的计划，可能会遇到挑战和困难，但只要你们保持着对孩子美好未来梦想的信念，并以爱、耐心和鼓励作为指引，你们将能够共同走完这段十分美好的旅程，并为孩子打下坚实的财商基础。祝福你们和孩子在这个旅程中取得巨大成功！

第二节　自我财商提升

孩子是复印件，而父母则是原件。父母的教育影响孩子的认知。随着孩子财商的不断提高，父母也需要持续提升自己的财商。这是我在教亲子正面财商时最期待实现的结果。我相信孩子来到这个世界是为了让父母变得更好。很多父母可能会对自己的个人成长缺乏动力，然而，一旦为了孩子的未来，父母会展现出人世间非常伟大的一面。

当家长进行亲子正面财商教育时，也是在填补自己在童年时期所缺乏的正面财商教育。我们需要相信自己有能力比孩子以稍微快一点的速度学习，因此让我们全心投入亲子正面财商教育吧。

在我们的学员中，有许多人决定活出正面人生，为了向孩子传授正面的财商价值观。其中一些家长不希望孩子在未来变成他们现在的样子，他们开始走上用热情工作赚取金钱的新道路。有一些学员因为要向孩子展示销售是快速提升收入的方法，所以从过去害怕和讨厌销售，到突破自己、成为孩子的榜样，现在他们明白，分享可以改变世界，而销售就是分享的方式。还有学员从过去每个月都是"月光族"，到现在规划自己的财务自由时间，制定了 10 年的财务自由计划，并开始实施。还有一些学员开始通过出租房产来获得被动收入，并在这个过程中为孩子创造了许多有创意的"工作"机会，让孩子有良好的环境去体验劳动创造收入。通过房产增值并出售，最终实现了由房产带来被动收入的目标。

每个家庭的故事都展示了父母对孩子的爱，他们为了孩子的成就而努力实现自己的成长。这正是我在从事亲子正面财商教育时最希望看到的成果。期待你也加入我们亲子正面财商的行列。

第三节　加入社群

一个人可以走得很快，但一群志同道合的人可以走得更远。正如之前所提到的，孩子的财商教育是一项跨越 10 年以上的大工程。在这个过程中，孩子会不断变化，从婴儿到儿童，从儿童到少年，再从少年到青少年。我们必须面对孩子在这许多变化阶段中给出的挑战，包括他们从将父母视为英雄，到渐渐意识到这个世界很大，甚至觉得父母已经落后了，出现代沟问题，以及青春期与更年期的冲突。

实际上，现在社会的变化速度非常快，在孩子十多岁的时候，我们对这个世界的变化可能有些跟不上，这是非常正常的情况。也就是说，我们在教育孩子时会面临许多挑战，而金钱是我们思维和情绪等的放大器。一旦亲子之间发生的冲突与金钱有关，父母会感到沮丧。

这时候，一个相互支持的社群就变得非常重要。我们可以在亲子正面财商社群中分享我们的经历，每一次孩子获得小的成功，都有一个群体来认可我们的做法，为我们打气。如果遇到孩子意料之外的反应，我们可以在社群中寻求帮助。我们也可以在社群中看到许多家庭的例子，作为我们的借鉴。

在可见的未来，我们将培养出许多亲子正面财商的父母教练，读者们也可以在我们的社群中找到教练为你提供帮助。你可以通过扫描以下二维码，加作者企业微信，回复"谈钱增感情"，进读者群，一同践行亲子正面财商。

第四节　成为传播者

亲子正面财商一直强调为孩子提供一个正面的环境，而这个环境最初是在家里。当孩子的梦想实现条件超出了家庭所能提供的条件时，就需要寻找其他学习亲子正面财商的家长的帮助，为孩子提供家庭以外的"工作"环境。那么，孩子周围有多少个"工作"机会呢？这取决于我们身边有多少家庭在实践亲子正面财商。

我经常说："金钱是从低财商的人的口袋流向高财商的人的口袋里。"一般人听到这句话，可能会想：我的孩子学会高财商，而其他孩子都是低财商的话，未来我的孩子才会变得更有钱。实际上，这种思维是对的，也是错的。为什么这么说呢？因为如果我们都生活在一个匮乏的世界，资源是有限的，钱要么在我的口袋里，要么在你的口袋里，就会形成一个竞争的世界。但其实这个世界也可以是一个富足的世界，因为我们都有创造价值的能力。当这个世界上每个人获得财富的方式不是从别人的口袋里拿走，而是共同创造让世界产生更多财富的时候，我们就可以共同富足。

因此，亲子正面财商需要我们一同去传播，为我们的孩子创造一个财商的森林。在这个环境里，我们的孩子身边有很多同学都在以相同的财商思维方式成长。他们会觉得创造价值、获得金钱是理所当然的事情，即使是孩子，也可以通过自己的双手实现梦想。在这样的社会环境中成长，孩子多么幸福啊！

第五节　做孩子的教练

作为父母，我们可以充当孩子身边很多的角色，我们可以是孩子的朋友，我们可以是孩子的老师，我们可以是孩子的玩伴，而我希望大家还可以成为孩子的教练。

我近来跟随文斌教练学习无极教练技术，我很喜欢文斌教练的一句话，就是："每一颗种子都蕴含了长成苍天大树所需要的元素。它们需要的不是装进去更多的知识，而是需要更纯粹、更自信、更坚定地活出自己。当它们全然相信自己这颗种子的潜能时，它们的生命是自然而然打开的过程。"我们的孩子就是会长成苍天大树的种子。当我们成为孩子的教练，我们只要提供良好的环境，包括火、风、水、土四大元素，也就是亲子正面财商中的鼓励、温暖、合作和有原则，种子自然而然就会呈现生命打开的过程。

以下附上一个赋能教练的技能和特质，期待各位家长不只是做孩子的财商教练，更是孩子人生路上的赋能教练。

1. 倾听和沟通能力。赋能教练善于倾听他人的需求、目标和挑战，并能有效地与他人进行沟通、建立信任和共享信息。

2. 问题解决和决策能力。赋能教练能够协助他人识别问题、探索解决方案，并帮助他们做出明智的决策。

3. 目标设定和规划能力。赋能教练能够帮助他人明确目标，并制订可行的计划和行动步骤，以实现这些目标。

4.激励和激发潜力。赋能教练能够激发他人的内在动力和潜力，帮助他们克服困难、保持动力，并达到更高的成就。

5.反馈和评估能力。赋能教练能够提供及时和建设性的反馈，帮助他人认识到自己的优势和发展领域，并制订改进计划。

6.建立信任和保密性。赋能教练能够与人建立安全和亲密的合作关系，保持对他人的尊重和保密性。

第六节　活给孩子看

父母是孩子最好的榜样，我们要向孩子展示富有的样子。富有并不仅仅意味着拥有金钱，当我们提到财富时，除了金钱，还包括健康的身体、快乐的生活、有趣的灵魂、健康的心灵、自由的意志等等。

我们可以留下多少精神的财富给孩子呢？例如，我们的人生经历能给孩子的人生带来启发吗？我们的生活方式能让孩子突破思维的局限，相信他们的人生同样可以变得精彩。

我之前提到过，我的父亲是在一个陌生的地方从零开始创业，用了 12 年时间实现了财务自由。这个故事是我父亲留给我的宝贵的精神财富，因为他让我相信我也可以做到，这就是榜样的力量。因此，我也会不断思考，我想要过怎样的人生，我想对我的孩子有什么启发。正是这样的思考，引发了我决定出版《亲子正面财商》这本书，因为我想让我的孩子看到爸爸也可以是一位作家，也是一门课程的创始人。

有时候，家长来向我咨询，他们的人生目前并不如意，不知道该如何选择。我的回答很简单，就是将自己视为自己的孩子。如果你的孩子面对你目前生活中的困难，你希望他继续这样生活下去吗？还是你会成为孩子坚强的后盾，给予他足够的鼓励，让他走出这个不如意的境况，活出更好的未来？通过这几个问题，他们会知道应该如何选择人生道路。

希望你不需要给孩子留下任何物质上的财富，而是通过你活出来的精神财富，就足以让你的孩子创造富足的人生。

第七节　由你来谱写亲子正面财商新内容

亲子正面财商并不是一套固定的模板，因为每一个孩子都是独一无二的，他们有各自的性格、不同的背景、不同的人生经历，所以亲子正面财商教育并不是以一套固定的方式去教所有的孩子。

我们可以做的是建立一套原则，在不偏离这套原则的前提下，根据每一个孩子当下的情况，灵活地处理问题。也就是说，我们要面对的情况，有无数种可能。当然我不可能把每一种可能性都搭配不同性格的孩子，然后把家长针对不同的孩子应该怎么处理的方法全部列举出来。亲子正面财商有一点像开放源代码的程序，大家都可以来学习，同时开发出各自的应用程序。

那么，最适合你孩子的亲子正面财商教育方法，就需要你来到我们社群，深入学习亲子正面财商的"源代码"后，通过你跟孩子的互动，根据孩子的个性、能力、梦想等条件，去开发一套适合你孩子的应用程序。通过在我们社群跟其他同学不断交流，你可以获得非常多的启发。你不仅可以在我们社群获取知识，你还是其中一位共同创造者。

后　记

在写完本书后，我开始学习一种新的投资方式，学习前我首先问了自己一个问题："这种投资方式能长久吗？"

我不知道，但我会当作不能长久来看待。随着世界的变化发展，任何投资方式可能都有失效的一天。

那么，我会把我所掌握的投资方法教给我的女儿吗？

我会的，但要在她有自力更生和财富管理的能力之后。我希望女儿能找到令她投入热情的工作，不断发现她的能力和价值，体会工作中的成就感、突破困难后的自豪感、帮助他人的喜悦感……我认为这些体验远比拥有金钱本身重要。

我们只是金钱的管理者。不只是获得财富，而且让世界因我们获得财富而变得更好，这是我写本书的一个目的。

对我来说，拥有财富的同时也要拥有使命感，因此我愿意帮助更多的家庭掌握理财的智慧，帮助更多的人管理他们的财富。正如本书引子中所说，亲子正面财商是提升家庭理财能力的智慧，是增进亲子感情的桥梁，亦是能让世界更美好的能量。

林宜廷